景象 I
园林、诗性、栖居与影像

PANORAMAS I
GARDEN, POETIC, DWELLING AND IMAGES

崔 柳 曹凯中 魏 方 胡一可 吴祥艳 著

江苏凤凰科学技术出版社 · 南京

图书在版编目（ＣＩＰ）数据

景象．Ⅰ，园林、诗性、栖居与影像 ／ 崔柳等著
．－－ 南京 ：江苏凤凰科学技术出版社，2024.5
　ISBN 978-7-5713-4291-3

　Ⅰ．①景… Ⅱ．①崔… Ⅲ．①园林设计－景观设计
Ⅳ．①TU986.2

中国国家版本馆CIP数据核字(2024)第046287号

景象Ⅰ　园林、诗性、栖居与影像

著　　　者	崔　柳　曹凯中　魏　方　胡一可　吴祥艳
项 目 策 划	凤凰空间/陈　景　窦晨菲
责 任 编 辑	赵　研　刘屹立
特 约 编 辑	窦晨菲

出 版 发 行	江苏凤凰科学技术出版社
出版社地址	南京市湖南路1号A楼，邮编：210009
出版社网址	http：//www.pspress.cn
总 经 销	天津凤凰空间文化传媒有限公司
总经销网址	http：//www.ifengspace.cn
印　　　刷	北京博海升彩色印刷有限公司

开　　　本	889mm×1194mm　1／16
印　　　张	10
字　　　数	192 000
版　　　次	2024年5月第1版
印　　　次	2024年5月第1次印刷

标 准 书 号	ISBN 978-7-5713-4291-3
定　　　价	88.00元

目 录 Contents

对谈

中国古典园林于当代设计之空间古典性

□ 北京林业大学　崔　柳

一、有关选题

如若追问存在，中国古典园林是中国古人对理想栖居的一种空间想象，它并非实体，而为虚物。在中国古代，园林受限于建造能力本身，它们各自有着类似的形制。但事实上，中国古典园林，尤为私家园林，它是园主人与恢宏自然之间的对话，它是行为、生活与思考下的动态产物，是园主人自然想象的空间映射，且是一所隐秘的精神归处，外人不足以明道其中。因此，中国的古典园林在形成之初就具备了模糊性、虚拟性与超验性如此的空间属性，而此类空间的营建经验也适配于当下大城市人群生存困境下对精神回归自然情境中的心理诉求。

今天的城市经由互联技术的加持，人类个体逐步丧失其作为"人"的自然属性，进入一个不断被技术异化了的虚拟场景中。随着聊天生成预训练转换器（ChatGPT）等一列人工智能应用型技术的涌现，近期的《三联生活周刊》记者与《人类简史》作者尤瓦尔·赫拉利（Yuval Harari）进行了如下对话。

《三联生活周刊》记者：哪种情景对你来说更可怕？人工智能表现得越来越像人类，还是人类表现得越来越像人工智能？

赫拉利：两者都很可怕。人工智能表现得像人类的可怕之处在于，这可能会对人类社会以及人的心理造成破坏。人类可能会越来越多地与人工智能建立亲密关系，而牺牲掉他们与其他人之间在社会和心理层面的联系。这可能会破坏人类社会，并且导致深刻的心理健康危机。[1]

生命个体会逐步沦为虚拟世界在现实空间的投射，并伴随技术的不断革新而加速异化。我们基本可以断定，人工智能将会对人类社会中"人与人的组构关系"产生巨大的影响，进而造成不同程度的人类心理危机（事实上，这样的事件已经发生）。中国的古典园林诉其建构本质是一场人与自然的"时空相遇"，它是被自然秩序引导的一种主体无目的行为，正与当下的城市的标准化、目的性、时效性相对立。我们希望通过回溯中国传统园林的营造经典，为当下中国城市空间里人们的生存困境——多元并置、超速迭代、急速滞留、本体异化、精神虚无……提供一种文本意义上的思考与设计尝试。

本次课题我们选择北京的隆福寺大街及周边区域，这里是北京城最早经历城市变迁的场所，也是被城市化深度洗礼的区域。在这里，时间给予它各样场景的迭代与重合，设计者可以寻迹一种历史发展的必然结果，我们用中国传统园林空间的组织方式——眺望与游观，再次把它与时间、场景、生活以一种逃逸的方式缝合起来。

1　苗千、张宇琦、肖楚舟：人工智能需要一套全新的道德规则——专访《人类简史》作者尤瓦尔·赫拉利，"三联数字刊"，《三联生活周刊》2023年第14期。

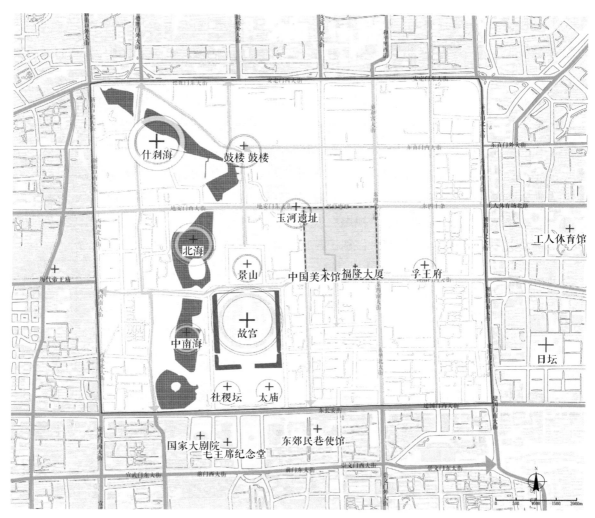

隆福寺大街及周边区域

二、中国古典园林空间的古典性

　　"古典"一词在《辞海》中的解释为：①古代的典章法式，《后汉书·儒林传序》有"乃修起太学，稽式古典"的记载；②古代流传下来而被后人认为有典范性或代表性的，如古典文学，古典哲学。释义②有明显的舶来意味。中国古典园林与中国传统园林称谓上的不同，含义亦不同。"古典"有经典范式的意

味，"传统"有文化流承的偏重，在本篇所强调的"古典性"不是范式也不是流承，而是强调一种独有的文化基因，它是一种与生俱来的空间感知方式，一种个体成长中浑然自觉的美学智识。从实用角度来讲，本篇所论述的空间的"古典性"，是我们在生活中可以获取滋养和疗愈的空间性态。

1. 眺望与游观

中国古典园林的空间组织方式来源于中国古典山水画。古典绘画中对"看"之对象的空间二维平面的转化，区别于西方古典绘画的透视性原理，中国古典绘画中的"看"是动态的，具有时间过程性的。而在二维平面的空间表达中，最常见的形式则为立轴与长卷，立轴重在表达静态的不同视角下对景致的眺望，而长卷则转换为人进入情境中的动态游走，即为游观。不论眺望还是游观，都是一种消解透视原理的全景式观察，因此，中国古典空间观是极大区别于西方世界

的。我们在空间表达中注入"时间与诗性"，而"时间与诗性"则把空间在抽象的方向推向寰宇山河。那么在如此的古典空间观的表达上，也一定有着对应规模的空间想象，中国古典园林就是这样空间想象的载体。

因此，中国古典园林的空间古典性是一种摒弃透视空间的二点五维的空间观察，而在实体的空间展示中，所有的空间形态演变成了铺垫，让人直接进入时间，也就是叙事。

以廊道为主体空间

"可望"——形成空间形态

"可居"——多种空间体验

"可游"——空间游观形成画卷

2. 场景与密度

园林中的各色场景被"眺望"与"游观"所支撑，场景的组织呈现为园林。而到此，仅仅是实体上的建造，最终的完成还需要人的介入，或作为他者的观察，或作为主体的使用。中国的古典园林是一个复合性的容纳空间，这里会有独钓寒江的寂寥、会有欢饮达旦的喧嚣、会有唯见长江的别离、会有落花时节的相逢、会有的桃李堂前的归隐、会有铁马冰河的远征……不论私园、苑囿还是胜地，都容纳着生活本身，同时也反映着生活的肌理。而这种肌理性的表达使得园林空间的组构是灵活的、多变的、模糊的、含蓄且克制的，这是中国古典空间的美学态度，也是中国古典空间美学的实现路径。

通过"眺望"与"游观"，人们可以进入场景，也可在场外驻足；可以作为参与者，也可作为观者。他者在游走中可以反复进入到不同的园林情景之中。通过路径，可以进行场景切换；通过衔接可以实现多类场景"共时"。而这所有的这些场景会有相当信息密度的叠合、共振、消解、排斥、生成。通过对自然空间的场景共情，以及以时间为线的游走完成对园林空间最后的营造。

由上可知，中国古典园林所呈现的空间古典性具备容纳"人"以及"人之生活"的空间能力，它并非只是一座美学构物，而是一个具有生命表征的空间系统。这个系统依靠的是生活，是人本身。

 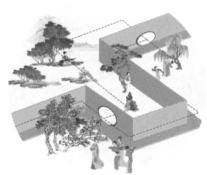 

古典园林空间的"片段性"　　　　古典园林空间的"流动性"　　　　古典园林空间的"身心分离"体验

3 . 自然与秩序

中国古典空间语境是西方文化体系描述之外的另一存在，它脱离可具化的空间结构（透视空间），用空间游走的方式解构"物体"，致空间（三维）在水平方向变形，用以完成平面空间的立体表达，人可以直接进入空间的时间叙事中。这样的营造机制似乎无法用建筑学中的秩序（order）进行解读。然而，纵观当今主流学界，我们对于空间的解读几乎必须是可测量且精准的，是可以被算法模拟的、可被预测的、可被经济规律干预的。一切的建造只有精准地从属于工业生产关系中，才能迅速、猛烈且立竿见影。

中国古典园林空间恰恰是自然的节奏反应，它与人的感知、体验与困悟搅揉一体，形成一个相对封闭的循环。因此，中国古典园林的最高级将是人在游走过程中的思维产物，园林空间是思维流动的路径，人通过身体的游走，感知并建立思考，完成自我与自然的关联，从而获取个体乃至一个群体的生命能量。它应该在很大程度上是非物质性的，所以它不是算法规律可以主导的。中国古典园林的空间特质决定它几乎是排斥工业生产与数字信息算法统筹的。

那么什么才是中国古典园林的空间的有效切入？它的"古典性"是否有适配的研究工具？当人类进入数字文明时代，这个工具就缓慢呈现出来了，其实就是中国古典园林自身，它的工具属性——人的精神栖居，它在产生之初就是一所具备疗愈功能的都市自然，使人们偶时退离熟知的现世关系，进入自然无序的放空状态。因此，中国古典园林的古典性，是一种以"自然的无序"为主导，引人进入自然空间导体，并在进入的过程中，获取自然给予本真自我的空间体验。

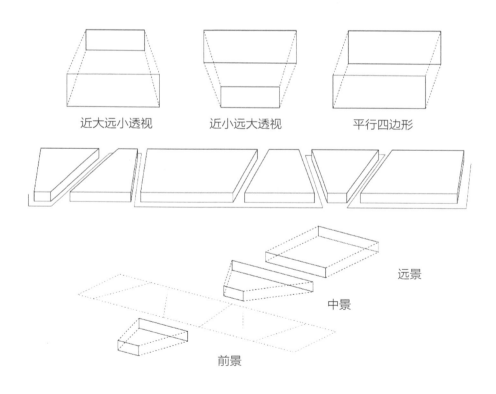

近大远小透视　　近小远大透视　　平行四边形

远景

中景

前景

中国绘画不受单一透视法限制，可自由调节各个空间板块并使之合拢

（图片来源：韦羲《照夜白》，台海出版社 2017 年版，第 84 页）

三、空间古典性语境下的城市公共空间设计

回到题目，中国古典园林的古典性对于当代城市公共空间的意义是什么？我们是否有必要回溯这样的一个空间性态？它的设计起点在哪里？

首先，本篇所研讨的语境范畴还是始于中国古典园林的空间观察方式，我们想挣脱一种常态的透视几何空间观念下的空间组构形式。中国古典的空间注重表达"主客同一的关系"，然而此种关系始终处于一种动态的主客关系体中。人是"变"的载体，自然亦是，因此人与自然的关系也会变化万千，其关系产生的客观性在于所有的空间关系都是通过"游走"实现的。

"游走"是空间设计方法的基本起点，游走的依据就是设计者对设计对象的古典性观察，同时通过自然要素进行空间的缝合，最终形成连续的观看路径，进入自然空间体系。因此，设计的对象需要具备相对独立的"自然体系"，该体系可以是天然的，也可以是人工营造的，但它的空间性态与城市空间不同，中国古典性空间首先抵制空间效率。

其次，模糊空间边界，隔离人与现世的境遇关联，可以说它是最早期的"沉浸式空间"，但与当下大多数沉浸式空间的不同之处在于，它激发的是人的深层思考，而非浅层的感官体验。

基于此，本篇的所有研究未对中国古典园林空间进行任何转译[1]，因为根本没有转译的基壤。当人类进入工业社会，此种"古典性"就丧失了进入公共空间的机会，空间效率与城市信息流的严重不对等导致了两种空间的节奏撕裂。这也是为何中国古典园林空间无法进行所谓的城市公共空间"转译"的底层逻辑。

中国空间的古典性是无法借用西方逻辑语汇进行观察、分析与整理的另类空间，它在脱离具象空间的同时，迎接自然，并把人引向最后的哲思。而该"古典性"的最高形式应该是去物质的，是一种独有的精神提炼。幸运的是，它以"基因"的方式在吾辈中代际传承。

---

1 转译：基于语言学的视角，将古典园林的设计过程以类似文本书写的过程在现代景观设计中施以解构与重建的方法。

述 谈

理想的田园
——中国古典园林现代性刍议

□ 中央美术学院　吴祥艳

一、缘起

2021年秋，收到北京林业大学魏方老师"联合毕业设计"的邀请，得知设计题目是"关于古典园林现代性问题"的探索，是崔柳老师出的题目，我对于这一方向也很感兴趣，便欣然应邀。然而，当时我的心里一直在打鼓，觉得这个题目难度很大，学界相关讨论甚少，可借鉴的成果不多，本科生能否顺利完成？尽管困难重重，但我们还是怀着忐忑不安而又渴望探索的心情上路了。设计地段选在北京东城区的隆福寺街区，一个有着深厚历史文化底蕴，且具备传统与现代矛盾冲突的老城区。场地调研完成后，同学们发现两个突出问题：第一，场地破碎化严重，高大的现代建筑与低矮的四合院相互交织，形态对比强烈且场地被分隔成多个不规则的小空间；第二，光影问题突出，现代建筑体量过大，户外狭窄细碎的公共空间长期处在阴影里，不利于人类活动。此外，场地的历史记忆点正在逐渐消失。基于上述问题，同学们开始寻找古典园林中可借鉴的原型空间，并将其运用到具体设计之中，力求突出场地特色并解决场地问题。两位同学分别从古典园林的"廊"与"光影"两个原型空间入手，进行设计转译并完成最终设计作品（详见后文）。

二、反思

2022届毕业季已经结束，我们对于古典园林现代性话题的探索却刚刚开始。古典园林原型空间的转译或许只是一种传承古典园林的方式，如何合理并有效地进行转译尚需深入讨论。有的学者可能会认为目前的转译方式过于表面化，不能深入古典园林的精髓，亦不能很好地解决现状问题；而有的人则认为现有成果过于稚嫩，无法完美呈现传统园林空间的意境神韵……笔者认为，中国古典园林博大精深，转译仅仅是理解并表达古典园林特色的一种方式，而且是一种相对偏向设计手法的尝试。仅就古典园林营造手法而言，也是非常多样的。彭一刚先生的《中国古典园林分析》、童寯先生的《江南园林志》、陈从周先生的《说园》等，都对古典园林进行了非常深入的分析和总结，这里不再赘述。本次课题强调，手法和角度可以自由选取，但不能偏离课题的初衷，即"以古为鉴"，寻找一种重现中国古典园林特色的现代园林设计思路。"条条大路通罗马"，答案可能会千差万别、不一而足。当务之急是我们要先接纳这种实验性探索的意义。那么，古典园林的现代性是什么呢？古典园林的本质和特色究竟在哪里呢？下面简单谈谈我个人的理解。

三、态度

法国思想家米歇尔·福柯（Michel Foucault）认为，现代性不是一种时间概念，而是一种"态度"。汪晖认为，所谓态度，指的是与当代现实相联系的模式，一种由特定人群所做的志愿选择，一种思想和感觉的方式，也就是一种行为和举止方式。在一个相同的时刻，这种方式标志着一种归属关系并可以把它表述为一种任务。显然，它有点像希腊人所说的"社会的精神气质"。的确，对古典园林现代性问题的探讨，先要确定一种"态度"。

当代学界对于古典园林的态度主要基于文化遗产保护的视角，围绕着古典园林遗产本体而做大量的研究和实践工作。当下比较热门的"活化利用"也仅仅是近年来才开始深入讨论的话题。然而，古典园林如何与当代风景园林设计相结合？如何传承古典园林的精髓？如何运用古典园林的思维进行当代的园林设计？这些问题在理论和实践中讨论得都非常少，全球化浪潮在一定程度上泯灭了地域性差异，我国当代风景园林设计鲜有"中国特色"的讨论。与此同时，在日渐繁忙的现代生活中，人们对于自然的向往与日俱增。因此，沿袭古典园林"天人合一，本于自然，高

于自然"的理想境界去营造当代的风景园林空间，为使用者创造一处短暂逃离现实生活的园林场景，并能享受自然中的悠闲和惬意，可以作为一种尝试。

下面，我们从思考古典园林本质开始。

四、理想的田园

无论东方还是西方，尽管古典园林的表现形式千差万别，但其本质上是相同的，即不同地域、不同文化背景下的人类对于自然的理解以及他们对于理想田园生活的追求是相同的。古典园林空间既是个体的情感表达，也是群体意志的体现。

1.私有属性

个体化、私有化是古典园林空间的本质属性。回顾中西方古典园林产生、发展、演变的历史，其本质就是一部个体追求理想田园生活的发展史。中国古典园林从帝王苑囿、山水宫苑到文人士大夫寄情山水、营造城市山林，再到清代帝王营造大型皇家园林，虽

然园主人在身份、地位、文化素养等方面有显著差异，但本质上都是个体行为，表达个体的园林思想和生活追求。虽然每个个体都有相对独特的审美理想和趣味，但在共同的自然观、哲学观的影响下，个体的追求逐步升华为文人士大夫群体的共同追求。帝王的园居理政虽然有别于文人的园居归隐，但其对文人的仿效以及表达自身审美诉求的本质并没有改变。

2 . 隐逸情怀

从帝王到文人士大夫造园，均具有隐逸情怀，即逃离他们所处现实生活的诉求。文人多半是从社会网络中逃出来的隐士，他们或厌倦了政治生活，或者以退为进，以园林为幌子，虽向往建功立业，但又无计可施，只能暂作退隐。因此，文人士大夫的"别业山居"和"城市山林"，虽选址不同，但本质上都是一种对于现实生活的逃离。与此相似，从个体欲求出发，帝王的皇家园林又何尝不是其对现实生活的逃离呢？一方面，他们高居万人之上，普天之下都是他们的，貌似可以为所欲为。然而，帝王的日常生活并非逍遥自在，他们要日理万机、安邦治国，在战乱年代甚至要征战疆场。另一方面，他们也是血肉之躯的普通人，他们也有七情六欲、喜怒哀乐，他们也需要休息和放松，于是，皇家园林就成为他们短暂逃离繁重工作、表达田园理想的港湾。

3 . 自由自在的审美体验

传统园林之美在于自然，传统园林的审美在于自在与自由的体验方式。

按照英国生物学家达尔文进化论的思想：人是从大自然中走出来的。因此，人对自然有与生俱来的热爱和眷恋。在中国古代先民的意识中，一方面，大自然丰富多彩，为万物休养生息提供场所和食物；另一方面，大自然神秘莫测，有许多超自然的力量蕴含其中。因此，先民对大自然既依赖又敬畏，朴素的"天人合一""人与天调"的思想逐步形成，继而发展出魏晋南北朝时期的山水诗画。文人画士寄情山水，搜尽名山打草稿，以画写自然，后以诗写画，以诗画传情，又以诗画造园。唐宋之后，写实山水逐步转向写意山水，城市山林作为园主人亲近大自然的理想园林形式日渐兴盛。自然山川成为城市山林的蓝本，在城市山林中，园主人游目骋怀，享受"居""游""望""赏"之乐。这种园林之乐是自我的，自由自在的，没有世俗的干扰，也没有尘世的喧嚣，只有山水的静美、草木的荣枯。园主人与花鸟相伴，感知四季变换，尽情宣泄情绪，表达自我感受。因此，园林空间就变成园主人疗愈心灵的港湾。

五、如何传承？

如果说古典园林是个体的精神家园，那么，生活在今天的我们，就不需要独享的精神家园了吗？答案显然是否定的。当今时代，在全球化等一系列的挑战与机遇下，风景园林师的视野从追求精神和审美愉悦的古典园林视角转向更为严峻的生态环境改善、公众健康环境营造、可持续发展等方面的议题上来，面向全民共享的设计成为主导方向。风景园林作品不再仅仅局限于少数人的精神家园，而成为行业发展的普遍状态。公共作品中如何能够营造更具有个体关怀的精神港湾？个体的欲求难道就不能和群体需求巧妙结合吗？扪心自问，作为中国人，我们热爱自然，向往林泉的本心并未改变。相信通过系列课题的探索，深入挖掘中国传统哲学和传统山水园林的营造思维与智慧，以一种"轻介入"的方式，在共享和独享之间或许能够取得一种平衡，开辟出一片符合现代人精神诉求的生态绿洲。

空间·事件·转译

□ 天津大学　胡一可

一、园林空间与当代需求

本次毕业设计的价值在于从当代具体空间需求出发，有针对性地思考古典园林空间的当代价值。从古典园林公共性开始，讨论环境与活动结合的特征，从而引发了关于当代城市公共性的思考。

1. 问题与需求

在旧城改造背景下，绿地率在逐步提升，但其服务功能却缺乏关注，在极小空间中提升自然体验，需要引入古典园林小空间里的"以小见大、内有乾坤"的设计理念。目前公共空间改造大多关注视觉效果和环境优化，对于激发市民日常或非日常活动的考虑相对较少。古典园林在当代主要作为游览空间被使用，表演、展示等多样性公共活动同时发生，已有诸多"观"与"演"关系的讨论，可为公共空间改造提供参考。

公共空间艺术层次和文化氛围的塑造是城市更新的重点，因此古典园林中内外空间的结合、公共与私密空间的转换，在设计之初即被纳入设计范畴，同时也有可能改变空间管理条块分割、无序化的现状。

古典园林空间当代转译的既往研究多以古典园林游观体验为主要对象，多针对园林路径空间视觉特征和影响要素，缺少对人具体活动的思考，空间分析无法反映事件与活动的需求。传统空间设计及使用中所蕴含的"看与被看"的关系在当代有着新的价值，人群行为作为被"看"的对象古已有之，宋代之后的古

典园林主体意志逐渐显现，园内舒适雅致的栖居、礼仪化的社交、山水意趣的游赏活动等生活性特征明显，建筑不以具体的功能定义，而与场地中的事件关联——"园亭屋宇名称题咏，经营位置，品评与会心，则有待读者扁舟蜡屐以从事矣"。人的活动提供度量园林空间的直接途径，这也促成同一园林空间在四时、朝暮、日常与节日的变化中，不确定事件的轮番上演。如何在当今体现价值，是颇具讨论性又具有当代性的话题。

2. 古典园林的当代价值

城市公共空间更新过程中，在解决空间合理性问题的同时也会面对"空间乏味"的问题。以小见大，中国园林发展至明清时期着重于将自然引入城市之中，是城市用地日益局促所导致的，与当代城市空间面临的问题和需求相似；改变商业行为、非理性行为侵占造成的空间分割；群体组合、疏密得宜、路径曲折尽致、眼前有景，形成"可游、可观、可行、可望"的体验空间，中国古典园林给予我们诸多参考。

与西方典型的"镜框式"表演模式不同，中国传统表演不拘于固定的舞台空间，常与其他社会活动结合，兴之所至，可以在亭子、厅堂、庭院摽地做场。"舞台"设置通常是灵活和开放的，观众同样具有主动"参与"演出的权利，具备"事件"意料之外的特征。园林的"观与演"作为园主人的一种娱乐生活主题，依托于山水情结的自然生发，从主体的参与度和公共性，将园林的观演活动分为"交游雅集""家宴会客""自娱抒怀"三类。研究对象不仅包括相关游

记、诗词记载，同时园林中的联匾也可视作园林活动的说明书，反映当时园林空间的活动场景。

如交游雅集类有《叶天寥自撰年谱》的"虎丘曲会"。文献记载了虎丘曲会的两种观演场景：一边千人石上人声鼎沸，而另一边泛舟听曲，诗酒传觞，以音为媒，以声传情。幸得虎丘山水格局，看似身在盛景之外，仍能共享雅事。如家宴会客类有《红楼梦》大观园的"乐声穿林渡水而来"，还有《寄畅园闻歌记》的"树抄妖童歌袅袅，花间醉客舞偄偄"。如自娱抒怀类有明朝文学家陈继儒《小窗幽记》卷六景中的"曲可流觞，放歌其间"。主体在运动中感知世界，塑造一种关系空间，不连续碎片式的信息得以解读，不同空间状态的潜在连接不断切换关注的焦点。

二、当代组织与空间机制

关于当代城市公共性的思考，以使用群体的共识与凝聚力为核心，事件发生的目标是促进社会交往，形成社群中的共识和凝聚力。进而指向空间与事件的双向关联：事件激活空间，空间引导事件。

商业空间中的事件

社区空间中的事件

公园空间中的事件

1."观与演"的空间视角

法国建筑师爱德华·奥坦特（Édouard Autant）认为每个房间都是一个舞台，每个公共空间都是一个剧院，每个立面都是一个背景，每个场所都有入口、出口、风景、道具和建立人与人之间潜在关系的设计。触发"即兴表演"的公共性空间可以通过声音构建，也可以通过视线关系构建。英国温彻斯特大学表演艺术高级讲师西尼·贝恩特（Synne Behrndt）与埃克塞特大学戏剧学教授凯西·特纳博士（Dr. Cathy Turner）合著的《戏剧与建筑学——戏剧、乌托邦与建筑环境》（Dramaturgy and architecture: Theatre, Utopia and the Built Environment, 2014）将"戏剧"应用到研究建筑及城市空间的设计上，以人的"社会表演"行为视角看所有建筑环境的生成逻辑。对于观演活动的研究，从观与演的"二元式"剧场空间逐渐转向公共性环境特征的观演活动。

寻找新的空间机制、模式将促成建构公共空间布局和组织的新机制，这种新机制又将影响我们认知和营造物质化的公共空间。

如果足够细心，你会发现诸多日常生活中的剧场化空间，社区公共空间需要面向两类不同的居民群体：内部的使用者和外围的"观者"。

共同记忆（共情）的事件空间预设与设计有关，在"看与被看""在场与旁观"之间，会形成有意味的关系，促成不同群体对同一场所的共情体验和共同记忆。

商业、社区、公园、风景因"人看人"所形成的看与被看的不同关系

上海昌里园　　　　　　　　　　　　　　　深圳南头古城＋双年展展场改造

日本京都 6 个临时展亭　　　　北京高丽营镇一村"高下剧场"　　　上海永嘉路口袋广场

2．事件空间中身体的在场

　　人与空间的联系经由活动和体验体现，空间通过为不同事件和情景提供环境和条件，而引发活动、引导行为。"观与演"活动发生的空间没有固定的类型，多由主体的空间经验生发出主观意志下的片段化场景，同时考虑时间因素，关注不同情景转场与编排的方式，诱导情节的连续发生。

三、事件引入与空间体验

　　公共空间的塑造包括空间形式、在场体验、交往行为三个层面，中国古典园林在后两项具有优势。不仅仅"此时此地在场"的舒适性体验可以促进交往行为的发生，共同拥有"彼时此地在场"的体验经历也是形成空间集体认知和集体记忆的前提。

1. 古典园林的空间潜力

传统造园将空间与其承载的生活体验作为一个整体来构建，通过园林中居住与景观空间承载的生活性事件，诠释集体意识中深层的观念及影响空间要素的组织和构成方式。以"观与演"为线索的园林活动记载需要依托具体空间要素，提供人与环境交融的真实境遇和着意安排的空间关系。

或许古代文人在造园时无意识地用园林空间的构成实现由文字或图像甚至只是潜意识为载体的系列情节，通过事件引导的空间模式摆脱了时空的约束。

2. 园林中的观演事件

当代，古典园林已经发生从私人到公共、从以山水为主到以建筑及构筑物为主的转变。园林空间作为文人生活审美意识的载体，是理想生活事件发生的系统化空间载体。将广义观演活动转变为动态的、视觉的空间体验与空间思维，古典园林中环境观演空间的游观特征与情节性表述方式为小微公共空间的激活提供了新思路。

如今对于日常生活及事件性的探讨逐渐增多，同时对于古典园林当代价值局限性的相关探讨也一直存在。而当代基于设计实践的园林研究逐渐从古与今、自然与非自然的争辩中脱离出来，更倾向于身体参与的审美经验的转置。建筑师王澍提出"园林作为方法"，将园林所表达的异质文化——喧嚣中封存身体、放松精神的园林本意嵌入当下的境况中，以重组人们习以为常的生活方式。王欣对于"山水经验日常化"的相关探讨，展示了松散的断片式园林事件的舞台性空间的表达。而园林中"观与演"事件的发生直接赋予空间表演的性质——一种异境感迫使身体重新体验与观看。建筑师兼教育家黄作燊将传统"观与演"自由流动的空间表达视为一种"留白"技巧，这种情景

体验为潜在的文化生活与社会生活的高度卷入提供可能。

3. 事件匹配的物质空间

"过去士大夫造园必须先建造花厅，而花厅又以临水为多，或者再添水阁。花厅、水阁都是兼作顾曲之所。"部分园林花厅在营造之初，就有用于观演活动的设想，水景区中桥、水树、花木以水为核心而设置安排。观演空间界限模糊，水景不仅作为表演空间的主要背景，同时与观演单元一起构成园林的叙事景观空间。寄畅园中池中亭也曾用于表演活动，晚明之际昆曲流行，表演者可以踏着婀娜的舞步飘过宛转桥进到亭中表演，三折的曲桥正好契合台步的节奏，观众则在亭南的知鱼槛和池东的清御斋看戏。晚清何园水心亭依园墙四壁和水面回声而建，可供纳凉，也可晨练和歇息。亭为水中仙境，亭之左右有曲折石桥连通。坐在水心亭可前望水塘，看见水波中倒映着的对面的假山和树影。

四、转译方法与重构模式

园林中"观与演"不仅强调空间看与被看的关系，更是可居、可游、可行、可望的事件化场景的空间构成，且并不局限于固定空间存在，主体会被客观环境不自觉地带入观演行为中，类似于屈米的"事件空间"，这种自然生发的"不经意的特质"颇具当代性。本次毕业设计天津大学的作品以文人园林中的观演活动为线索，重点分析古典园林"观与演"活动空间的构成与连续性的空间体验。在此基础上，运用图解的转译方式对其进行抽象化的空间分析，同时立足于当代城市公共空间的需求，将园林"观与演"事

件空间模式进行需求推演，探索中华传统中"建筑—人—环境"一体化的当代价值，以提升城市公共空间中行为的多样性和场所活力。

1. 空间事件、要素、情节

事件的模式无法与它所发生的空间相分离。空间的布局与要素组织是事件结构作用力所产生的结果。空间中每一种关系模式都是和某一特殊的事件模式相适应的。当代表演中"观""演"身份的确立依赖于审美与空间距离感的建构，西方戏剧的"间离美学"通过一堵假想的墙让观众变成了一群合法的"偷窥者"，与舞台上正在进行的戏是不能直接交流的，西方戏剧表演对观众来说是正观式的，舞台是空间的中心，而中国戏曲对于观众来说是反观式的，观众在观演活动中体现出主动性的一面，空间中的兴趣是多指向的，观与演两个空间可融为一体，借助观演情节心理产生间离，形成无"墙"、互动的表演形式。

园林场景作为承载观演活动的重要场合，即单元空间，从物质组成要素来看，是由建筑、花木、水体、山石等园林叙事载体组合而成的。园林叙事载体围绕观演活动场景形成舞台背景。"舞台"的确立是观演关系成立的核心，一种是通过表演场景的呈现来构建舞台的存在，一种是通过舞台空间与观看空间的分离来确立观演关系。空间要素布局一方面为满足行为需求，另一方面具有潜在的身体反馈，导向空间情节的编排。空间情节关乎体验，经由身体体验建构出的空间结构可能承担不同的剧情，由多种活动共同组成与行为需求相关的场景中的空间要素组合。

2. 转译目标与空间要素

广义的"转译"具有跨语境和跨媒介的双重内涵，同时包含不同表意系统间"分析—转化—表达"的过程，在设计创作中常用来解释设计的依据和灵感来源。

跨越时间维度的传承性、跨越表现媒介的艺术性、跨越人工与自然的有机性。生活、文化、美学通过"事件—空间"一体化的方式进行当代展现，空间支撑相应活动，两者形成了一个单元，空间中的事件模式区别于"功能"，事件作为空间不确定性和潜在性的活动，是计划或偶发的有意义的事情，与具体的空间形式不存在固化的对应关系。

3. 空间单元构成

园林环境的诗意建构为体验创造物质空间，除去专门的园林表演空间，多数情况下，表演活动多临时起意，随机性大于固定性，并不限定具体场所空间，功能的灵活性使得园林中表演活动主题的景观单元只为特定时间的场景呈现。

苏州怡园临水主厅藕香榭对联："盘谷序，辋川图，谪仙诗，居士谱，酒群花队，主人起舞客高歌。"讲述主厅宴客之余，歌舞表演随机发生，临水建筑的通透界面为观景所需，身处其中，水面成为观演背景主体，林木、花鸟、远山则增加景观深度和空间层次，通过建筑的框形结构打造框景效果。晚清名士张履谦热爱昆曲，其补园的唱曲活动时有发生，据其后人张岫云描述，园内的主要建筑鸳鸯厅是最佳演唱昆曲的场所之一，仿佛一座水上园林舞台，通过水面反射檀板笛声，曲声悠扬，余音袅袅。环境景观意象的构成触发诗性活动的意境感知，诱导主体对"演"存在的心理期待，外化为客体在环境中的定位。退思园中有"琴台"，窗前小桥流水，隔水对着假山小亭，东墙下幽里弄影，在此操琴，真有高山流水之趣。网师园琴室有一个封闭式的小院落，院南堆砌二峰湖石峭壁山，林木郁郁葱葱，充满生机，环境幽深。整个小院幽静古雅，绿意盎然，既富山林野趣，又充溢了书卷气息。

4．空间情节与体验

建筑空间情节建构经验，是对带有时间属性的事物进行表达安排的手段，时间只有在叙事的表达过程中才能发挥其固有属性，所以叙事相当于时间以另一种方式表达；情节组织是基于事件场景结构的空间关系的编排方式，通过体验来建构复杂的园林空间秩序，赋予物质空间感知的意义和新的空间化叙述方式。

线性延展、刻画路径，以此延展空间，身体随着空间预设的转角而翻跹。"观与演"独立存在于介质阻隔的两个空间中，距离上疏远的观演关系通过声音产生情感交流，声画在时间流中相对脱离，艺术表达上无异于声画蒙太奇。传统文化中常见隔墙择居，墙在空间中的视觉阻隔在文学作品中作为特设情节，看似作为故事情节发生的"阻力"，实则为情绪抒发和想象力创造"通道"。日常观演活动以活态的形式渗透于文人士大夫生活场中，依托山水园林中的声画雅境实现具有文学意义的情节转换。

五、结语

作为一个多领域交叉的议题，"转译"的相关讨论不仅强调越界活动中媒介形式的可能性，同时关注过程中发生的知觉滑移、逻辑推演以及结果表达的多样性。从21世纪建筑及相关设计领域转译的相关议题来看，尽管媒介形式与社会文化活动诉求有着密切关联，但缺少共同可以被操作的路径，这种信息传递与再表达大致在两个层次上同步进行：一方面寻求产生创造性活动的参照物（A），从而建立产生交流的共同话语平台；另一方面媒介物在各种形式的操作中发生构成的转换和重塑，通过意识转化、逻辑关联或者转换生成，以空间化产物（B）作为意义传达的载体实现转译的越界活动。

另一种空间

□ 中国传媒大学　曹凯中

一、现实

如果说城市是水中的石子，那么水才是这个世界。
——凯勒·伊斯特林（Keller Easterling）

当我们想要理解"世界就是信息"，或者说想感知到"水"的存在时，就需要转变对空间、城市与媒介的认知。文本和数字信息无处不在，当各种APP和无数的智能手机围绕在我们身边时，独立于数字信息的物理空间是不存在的。这也就注定了当代的空间生产绕不开与数字信息的无限交织甚至是重叠。

我们需要认识到"空间是信息，城市是现象"，这是解决当代生存困境、理解空间生产的一把根本钥匙。与此同时，在另外一个平行时空中，虽然代表流行文化和商业资本的元宇宙是那么的相似，却没有找到一种有力的方式去弥合事件、现实、虚拟空间之间关系的裂痕。在这里我们必须明确一点：数字信息不只是城市空间的一部分，它本身就是一种特殊的城市空间。由数字技术产生的虚拟空间与客观存在的物理空间会出现彼此更加纠缠的趋势，在这种趋势下会产生一种新的空间类型。媒体与文化研究教授肖恩·穆尔斯（Shaun Moores）将这类空间称为"重合空间"，媒体文化评论家克鲁登堡（Kluitenberg）将这类空间称为"混合空间"。这种"混合空间"作为一种场景，不断迭代和流动是其根本属性。当我们以这样的观念重新审视作为实践对象的城市空间时，创作场域也会发生剧烈的变化，这个新的场域确切来说是一种混合现实，一种把物理世界和虚拟世界进行混合、叠加而形成的新现实，这个变化会导致我们的实践方式

和工作流程都发生巨大的变化。2016年，我从清华大学建筑学院毕业之后来到中国传媒大学，断断续续地做了一系列将物理环境进行媒介化的教学、研究与实践。我的兴趣是以城市景观为媒介，从现实生活中取样进行深入研究，反观当代城市生活新价值。在此基础上，将数字媒介与经典意义上的空间设计进行交叉和演绎，使得空间设计不只是一种物理建造，而是一种情境制造和内容生产。

二、工具

数字媒介是随着20世纪末数字技术与艺术设计的结合而形成的一个交叉学科和艺术创新领域，数字媒介艺术借助动作捕捉、交互、成像等技术，在"空间感知"层面产生深刻的变革。美国实验电影制片人斯坦·范德贝克（Stan Vanderbeek）认为数字媒介艺术是一种混合媒介的综合应用，这些混合媒介涵盖了激光投影、计算机图形以及LED屏幕等，多种媒介混合后形成独特的艺术特征。英国作家、电影教师艾伦·伦纳德·里斯（Alan Leonard Rees）则认为数字媒介是一个较为弹性的概念，是多种类型的数字投影事件的总和。数字媒介的发展是由不同门类的艺术家、工程师、创作者相互影响而逐渐形成的，这里的"媒介"不仅包括介质和材料，还包括其自身的实现技术。作为一种独特的当代艺术，数字媒介艺术的审

美特征、形式语言以及操作机制具有其自身的独特性与完整性，涵盖了声音、图像、文字、影像、装置等。

三、可能

那么，数字媒介艺术会给城市空间带来怎样的可能呢？

针对特定空间类型的物理空间，英国学者德里克·格里高里（Derek Gregory）认为利用数字媒介形成一种"去物质化"的设计策略是当下城市空间设计的一个新的方向和契机。这一策略以城市空间为物质载体，用技术革新和艺术创作赋予城市空间媒介的属性，并让历史信息、物理空间在多种形式的可交互界面的支持下形成了一种综合作用，最终构成一种属于当下的文化空间。与他的观点类似，意大利艺术评论家、历史学家切萨雷·布兰迪（Cesare Brandi）认为形成城市空间真实性感受的秘密在于如何制造一种"聆听"它们的机制，而不是基于"美化"观念的物质性补全。针对城市的变化与迭代，数字媒介的介入没有削弱城市本身的独特性，反而为城市提供了一种兼具事件性和真实性的阅读方式，这种阅读方式使参与者获得一种在场式体验。可以说，数字媒介艺术的各种形态（如激光投影、透明屏幕等）在嵌入物理空间后，重塑了物理空间界面，也改变了虚拟信息与感知关系，催生出数字媒介与物理空间的相互作用。数字媒体和物理空间在这里共同扮演着生产要素的角色，使得原本呈现出相对恒久弥坚的城市空间转变成一种具有过程性的"流变空间"。在这个关系里，空间与信息之间并非中立化的二元存在，也没有一种绝对意义上的形式，这种闪烁不定、稍纵即逝的可变形式会催发出在场者的情感，并由此形成不断变化的场所感受。正如荷兰裔美国社会学家萨斯基娅·萨森（Saskia Sassen）所说的，数字媒介通过建立起不同的感知厚度而产生更为丰富、立体化的场所体验，这也使得原本的空间秩序变得不再稳定。这种改变并没有使城市原本的物质属性被数字媒介艺术所营造出的信息语言所消解，而是被数字媒介艺术所特有的传导、显现、交互等特征所赋能，并由此增强物质空间中的"境"。

最终，数字媒介所创造的虚拟现实与街道、历史建筑立面等诸多物质实体要素合二为一，形成具有复合感知特征的"另一种空间"。在整个过程中，数字媒介从原本呈现表征意义和构图意义的视觉修辞转变成一种具备人际交流、行为互动的图像事件再融入城市空间中的数字媒介艺术。它不是中立的传输手段，而是场所本身的一部分。城市空间自身的要素构成、结构布局、风格是数字媒介的创作基础和显现载体，技术则是整个过程中的决定性环节。

需要明确的一点是，在这样的语境下，场所性、文化共鸣、意义感等经典设计学思考的问题并不会消失，而只会因为方法论的转变而产生全新的回应。因此，对"另一种空间"的探索与设计实践，并非一种纯粹技术上的应用性探讨，而是体现时代精神的人文进度。

园林空间在当代转译过程中的知觉流畅性

□ 北京林业大学　魏　方

　　法国社会学家亨利·列斐伏尔（Henri Lefebvre）的"空间三元辩证法"提出针对空间的三维认识论，将其概括为感知的（perceived）、构想的（conceived）和生活的（lived）。其中物质空间是被感知的空间，精神空间是被构想的空间，社会空间则是生活的空间。这种思想被国内学者解释为：构想与感知是塑造与支持的关系，生活与感知是体现与激活的关系，生活与构想是抗拒与控制的关系。瑞士建筑评论家伯纳德·屈米（Bernard Tschumi）也曾在建筑空间中提到知性的构想空间（conceived space）是通过智力思考来得到认识的空间；知觉空间（perceived space）则是通过亲历获取体验的空间。这两种概念被屈米称为具有"建筑学悖论"的差异性，空间和场所的不同也在于此。同样，在景观空间中，认知主体通过视觉关注与身体体验可直接感知景观要素状态，再通过智力加工获取文化、历史、功用的连续性、多元性与异质性。身体与空间的相互作用在知觉作用下形成连续感受，其关键作用在于它在调动人的感觉器官的同时，又创造了一个既非现存物质、又非人主观臆想的空间意象，一个人与其体验的事物共有的生活空间。而对于古典园林空间来说，自然要素在其中发挥着重要作用。环境心理学研究员雅尼克·乔伊（Yannick Joye）在2007年提到人类对一组特定的自然元素和环境表现出积极的情感联系。这是由于在环境中与自然的积极接触，户外景观具有更高的亲自然性，真实的自然与复杂的适应系统为主体认知中的知觉流畅性提供了更多契机。

　　认知主体运用大脑中的不同部位来处理自然元素与人造元素的信息，当人体验到真实的自然，并与真实的自然互动时，所获得的心理效能更加显著。这代表人对空间组织认知资源的一种特定刺激趋势，以及人类天生的亲生物性倾向，更易实现"知觉流畅性"。

　　回顾西方环境心理学的相关研究，环境心理学家雷切尔·卡普兰（Rachel Kaplan）提出的信息处理模型认为人们在环境中有"理解"和"探索"两个基本需求，环境要素则是满足理解和探索动机信息来源的。他创造出一个偏好矩阵，形成四个关键信息变量，并指出确定偏好方面的重要性因素：连贯性（逻辑放置、顺序）、易读性（场景的渗透性、可访问性和易于定位）、复杂性（元素的多样性和视觉丰富性）和神秘性（场景部分的隐藏和鼓励探索的更多信息的承诺）。在这个模型中，"理解"在连贯和可读的环境中受到青睐，而在复杂和神秘的环境中，"探索"得到加强。具体来说，"连贯性"强调理解"场景与场景"的结合程度，"易读性"则指观察者如何阅读和理解环境。连贯性通常可以定义为对一个场景的统一性的反映，是一种即时的理解，指的是指导观点的秩序感或语境感，相同的特征如相似的尺度、形状和材质，颜色和纹理的重复模式可以加强冗余，促进场景中特定区域的区别，从而增强连贯感。一个连贯的景观环境通过提供一种秩序感来引导观察者的注意力，有助于提高人们理解环境的能力，同时增强人们在时间和空间上定位的能力。景观设计师西蒙·贝尔（Simon Bell）也从我们能够理解的有序景观结构的角度解释了一致性，即整体的理解比单一部分的理解更重要。而易读性与推断的理解有关，用来指一个容易理解和记忆的空间，其重点是大环境的结构，深度线索连同独特的地标和区域是可读空间的最常见的特征。

针对古典园林来说，近年累积众家从西方引入当代性转译所探讨的基于后透视视角的感官参与、关系空间或是关联性空间，体现对空间整体性序列感知的流畅性与整体性。古典园林空间中的游墙、遮罩、模件一定程度上引导人群的知觉与感受：不同游径限定人群进行游走和控制性的观看，丰富人群的空间体验。"游墙"重新定义垂直界面，增加空间的开合、深浅变化，进行场地之间的连接与沟通；"遮罩"重组看与被看的关系，在顶界面、垂直界面和水平界面进行空间的虚实变化，实现空间的渗透、放大与遮掩；"模件"在不同层级上的拼合，以单元化的模式进行活动空间的限定并作为"点景节点"激活空间序列。知觉流畅性是指在处理感知信息时产生的轻松或困难的主观感觉，其中重复呈现刺激会导致更流畅的处理，从而获得更高的好感度。重置游走体系，通过"游墙、遮罩和模件"进行古典园林的当代性转译，可以进一步强化连贯性与易读性。

在利用空间的"连贯与易读"特征最终实现知觉流畅性的过程中，需要造园者"意"与"艺"的往复作用。知觉流畅性的塑造又同时展现时空中的压缩与延展。美国著名新马克思主义者戴维·哈维（David Harvey）在探讨"时空压缩"概念时，提出"现代主义者们借助蒙太奇、拼贴技巧的手段创造出共时的效果，承认短暂和瞬息是他们的艺术的中心"。这种批判性的视角，一度使人们反思对空间信息的一览无余在日常体验中的负面作用。但不可否认的是，德国建筑师路德维希·密斯·凡·德·罗（Ludwig Mies Van der Rohe）的全面空间、日本建筑师的超平美学（super flat）等，其平面化表象中三维意义的存在，使我们直观感受到世界的丰富与完整、隔阂与分离。从20世纪30年代起，哈佛运动引起景观领域的认知转变，美国现代园林设计师詹姆斯·罗斯（James Rose）反对沿用布扎体系（Beaux-Arts）的传统景观设计手法，认为人们观察世界的方式已经发生改变。他在设计作品中展现连续性的、运动的、诱导性的、随着运动的变化而形成的流线。现代主义运动时期，经过了从围合到内外连续，再到空间是身体的延展的认知转变。同样，在中国的特定文化背景下，古典园林中建筑与园林先天具有极高的统一性，建筑与园林相互融合，具有丰富的空间层次与空间深度、微妙的分隔与连通关系。在市井有限的空间中，由于空间的连续与渗透，使其作为身体的延展，增加观者体验的过程，扩展感受的范围。对于三维空间来说，通过一定方式对异质层化结构进行解构与建构，可以通过内部时间与外部时间的相互作用，进一步形成体验空间的拉伸。回顾英国建筑和城市历史学家柯林·罗（Colin Rowe）和罗伯特·斯拉茨基（Robert Slutzky）的"透明性理论"，差异性的层化要素汇集于一层浅空间界面之上，景观中的透明性通过空间建构中对界面的确定、视野的引导以及对压缩维度的控制，经由主体身体运动形成不断的感知时空拉伸，是利用图像不断的瞬时作用、主体自身的连续思考过程、身体知觉的积累，引发观者思考的持续完型过程。这一点和瑞士历史学家和建筑评论家希格弗莱德·吉迪恩

（Sigfried Giedion）所推崇的新的空间感受，包括内外贯通以及空间运动感相一致，力图打破空间中心性与封闭性，体现动态关系。也因此，园林空间中外部时间的植入可以促成空间发生错位时的体验，即日本建筑师藤本壮介所说的"分离并连接""彼此相邻又仿佛天各一方"。通过建构相互关系，实现空间的拉伸，使观者关注当下的"自我"内在时空的延展。穿插与交织、延展式的空间交接方式是可推导的、具有漫游性质的，其游走路径是对静态审美的消解。通过对外在空间节奏的游离，修复和释放人类的内在时空。

古典园林的营造，也为尝试再现中国山水画意境的空间提供可游性，呈现景观与空间、时间、运动、身体、意识之整体不可分割的联系。在当代转译过程中，"身体—时间—空间"的关系就体现在知觉流畅性的获取。亲自然设计让白墙灰砖也能渗透绿意，让城市人实现绿地公平和亲近自然成为可能；高度复合利用垂直界面也是当代设计转译中面对有限空间需要着重发力的施行要素，实现景观设计在人本尺度的关怀。结合当代技术与数字光影的介入，在开放空间引入实时的数据监测装置和交互装置，可以从知觉维度进一步拓宽主体认知，增加感知厚度。在古典园林空间转译过程中，只有在创造的空间中提供流畅知觉的设计细节，才能让人与场景的共情进一步联系起来。

隆福寺街区十八图景录

——基于中国古典园林原型理论的城市公共空间设计

□ 北京林业大学　廖家婕　高　天　马毓婧　刘曦遥　孙晓辰

景象 I　园林、诗性、栖居与影像

"片段性""流动性""身心分离"

当人游走于古典园林的蜿蜒小路上时，其视线路径能够脱离有限的行走路径，获得更加宽阔的视野空间；其感知的场景能够脱离所见之景，在各类景致中感受到更深层次的联想与精神性体验。这便是古典园林的"身心分离"现象。这种感受的形成离不开古典园林游目式景观的"片段性"组合与视线空间的"流动性"特征。因此我们提取古典园林"片段性"与"流动性"的空间特征以及"身心分离"的空间感受作为原型理论基础，希望将古典园林古典性的空间片段体验与营造手法和现代景观设计加以融合。

古典性与当代性的融合

设计场地——北京隆福寺街区，具有历史与现代相融的特质，其中古韵空间与现代行为结合，历史氛围与现代空间融合，古典风貌与现代艺术并存。本设计基于当代城市"存量更新"的背景，借助古典园林的原型理论与组成要素，在北京隆福寺街区这一具有传统氛围的历史文化街区中尝试创造具有古典园林空间氛围的场所，将古典园林所蕴含的情致与慢节奏的生活方式植入现代人的生活空间，实现古典性与当代性的融合。

隆福寺街区十八图景

本设计以"古今·洄游"为主题概念，以建立"游走"式景观体系为目标，以古典园林中的"卷轴"作为场景、"曲径"作为形式、"游廊"作为载体，叠加形成以"一轴、一环、五区、四线、多点"为规划结构，包含游走系统与眺望系统的景观体系。本设计将以"隆福宅院""自然清音""九曲回廊"为主题的隆福寺街区十八图景串联成线，共塑古典闲适而又有烟火气息的空间氛围，使人在游观中体验场景性空间与城市山林的意趣。

隆福宅院

场地设计选取4个历史遗迹院落，以扬州个园为原型，分设春、夏、秋、冬四景，以钢结构架构游廊体系，延续游线慢行路径，于部分可登高的二层空间眺望远处景山。呼应个园四季各景观特点，辅以不同的植物、置石，设置不同的游廊形式与特色景观，为人提供不同季节的园林景致与游览感受。

自然清音

场地设计将玉河河岸段及两侧小游园相串联，形成归园体系，引入声景、水景、意境元素塑造城市山林，以集锦式环线布置多重声音节点，使人游走其中时形成思绪意境的延展。游人游走于清音、清溪、芳草之间，闻古乐声，溯运河源，赏芳草幽，自然归园田，享静谧与诗意，感受思绪的游离。

九曲回廊

场地设计以游线的方式贯穿6个主要节点。以苏州留园为原型，提取留园中"以墙相隔、以廊贯通"的设计语言，疏密对比强烈的布局方式，以及鲜明的空间开合关系，将其转译为城市公共空间设计语汇。曲折多变的游廊与植物、挡墙、水体等要素相互呼应，为游人带来丰富的空间感受，形成九曲回廊六景图。

"身心分离"现象——原型提取

古典园林空间的"片段性"

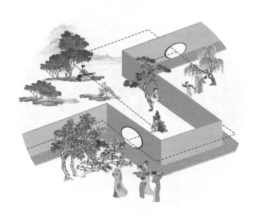

古典园林空间的"流动性"

古典园林空间的"身心分离"体验

"身心分离"现象——概念演绎

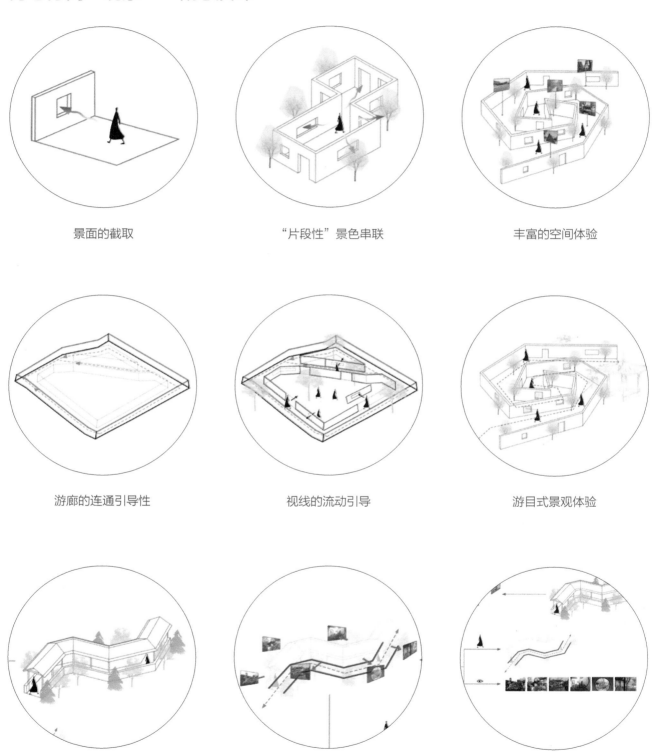

景面的截取

"片段性"景色串联

丰富的空间体验

游廊的连通引导性

视线的流动引导

游目式景观体验

行走路径与视线路
径的分离双重性

所见场景与感知场
景的分离双重性

古典园林空间的
"身心分离"体验

空间叙事——场景游观

卷轴	曲径

《清明上河图》　　　　活动场景、活动内容　　　　网师园曲径　　　　环形游径

游廊

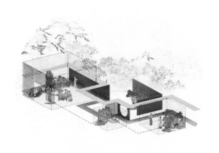

引导——联络空间

行进的游线与途经的节点

转折——变化方向

拐点的出现影响节奏韵律

渗透——隔而未绝

与其他要素结合，空间互渗

限定——调整视距

观赏点距景观的距离变化

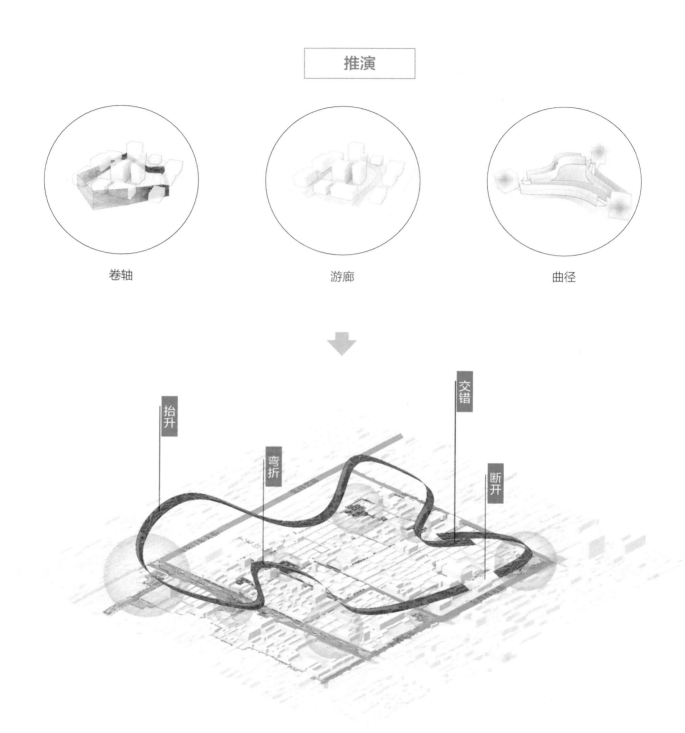

推演

卷轴　　　　　　游廊　　　　　　曲径

抬升　　弯折　　交错　　断开

　　规划立意于卷轴、曲径、游廊等中国古典园林的特性，随形就势，动线成环。以线性空间为主要空间形态，形成主要的景观架构，包括游观系统和眺望系统。以简约的几何形式组织和处理，表达古典闲适而又有烟火气息的空间情绪。

1. 闹市独闲
2. 世外桃源
3. 艺展流年
4. 曲水沉廊
5. 林木浮阁
6. 幽径低回
7. 时光循迹
8. 景山掠影
9. 长街寺影
10. 林水之趣
11. 自然清音
12. 玉河拾忆
13. 镜花水月
14. 春景——茂竹倚春
15. 夏景——夏木松柯
16. 秋景——银烛秋光
17. 冬景——雪夜未央
18. 慢行体系与游廊系统
19. 印象道口
20. 艺术盒子
21. 浅观福隆
22. 声光廊道
23. 木木艺术社区
24. 集会广场

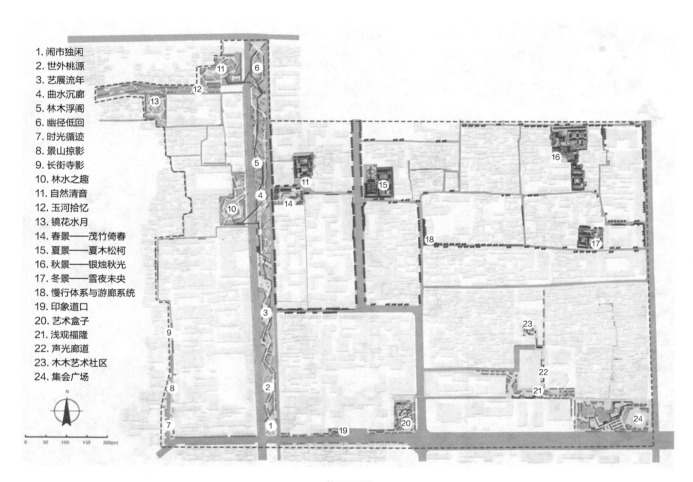

总平面图

景象 Ⅰ　园林、诗性、栖居与影像

慢行线

艺术线

　　根据整块街区古韵空间与现代行为结合、历史氛围与现代空间融合、古典风貌与现代艺术并存的特质，游走体系采用慢行概念。

　　选取"古今·洄游"的主题概念，统领设计体系的建构。对规划中的理念加以落实，以"卷轴式"场景游观画面，串联总体空间。

声音线

智慧线

　　以"曲径式"游线贯穿全园，用蜿蜒曲折的多重园路增强场地的空间"流动性"，以增强游线带给游客多重听觉感受。

　　以"游廊"式立体游线提升场地竖向层面的丰富度，增强场地与周边区域的串联关系，使游线多方位联通，更"智慧"。

轴线空间

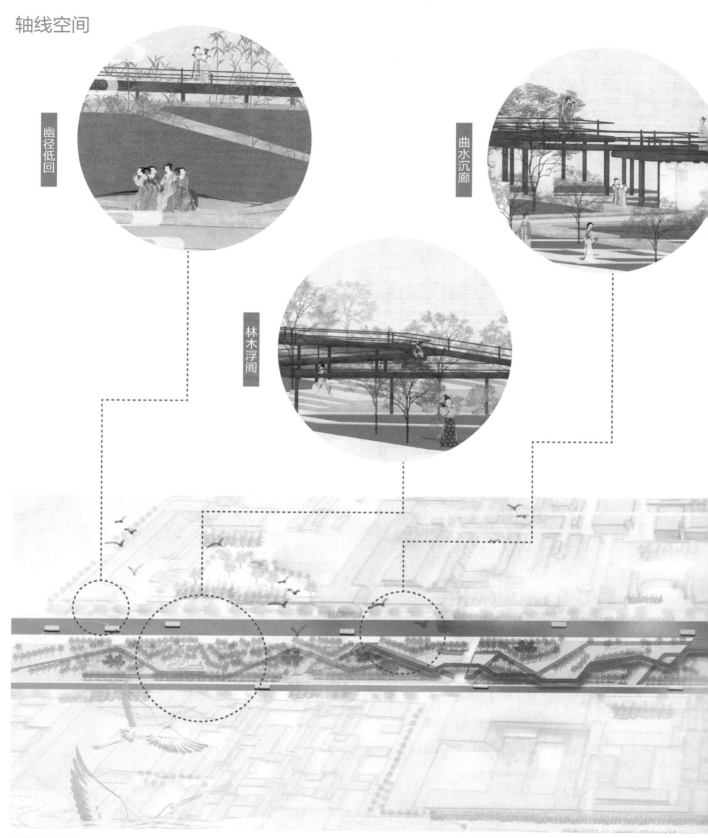

幽径低回

曲水沉廊

林木浮阁

轴线空间鸟瞰图

景象 I　园林、诗性、栖居与影像

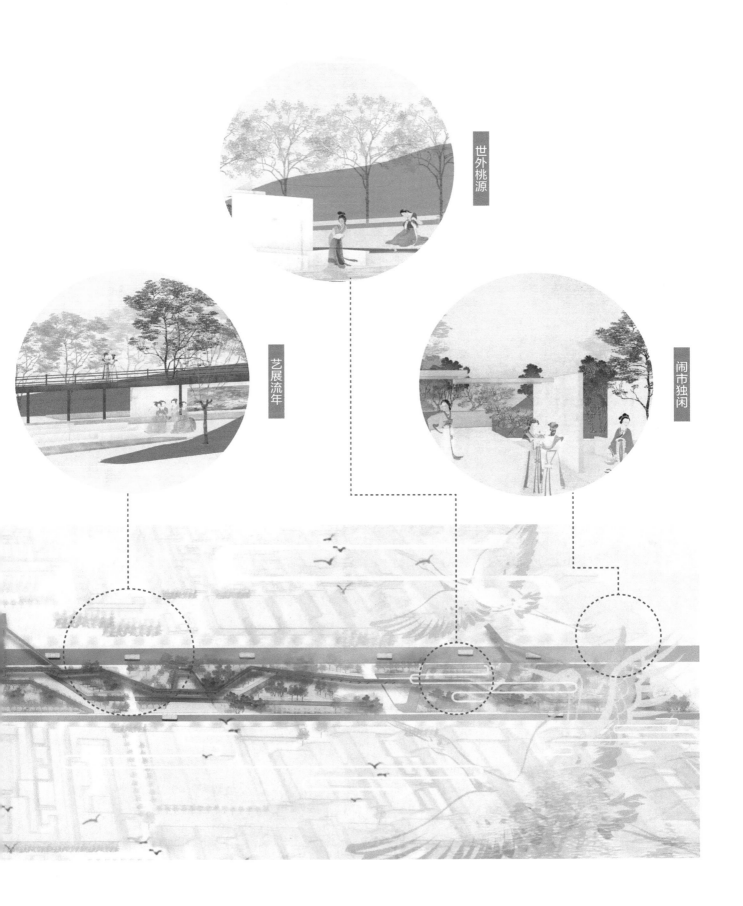

世外桃源

艺展流年

闹市独闲

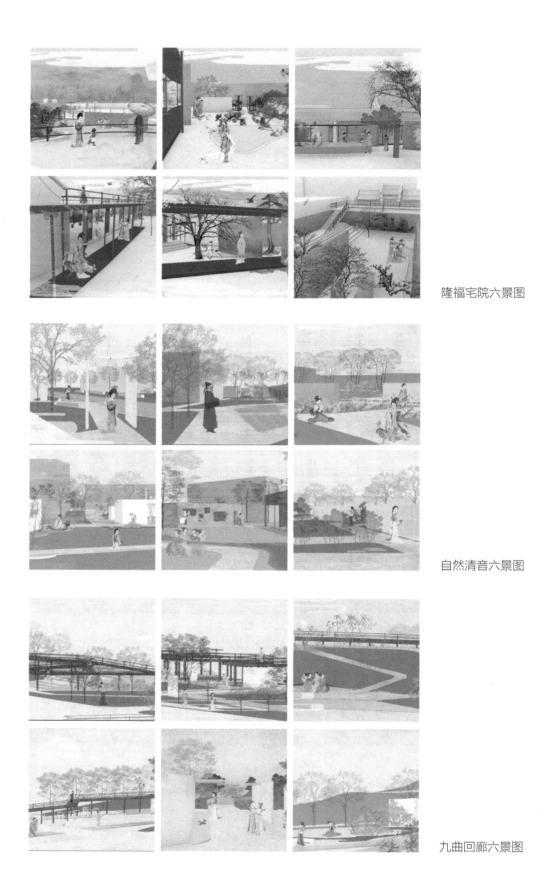

隆福宅院六景图

自然清音六景图

九曲回廊六景图

景象 I　园林、诗性、栖居与影像

隆福宅院改造策略

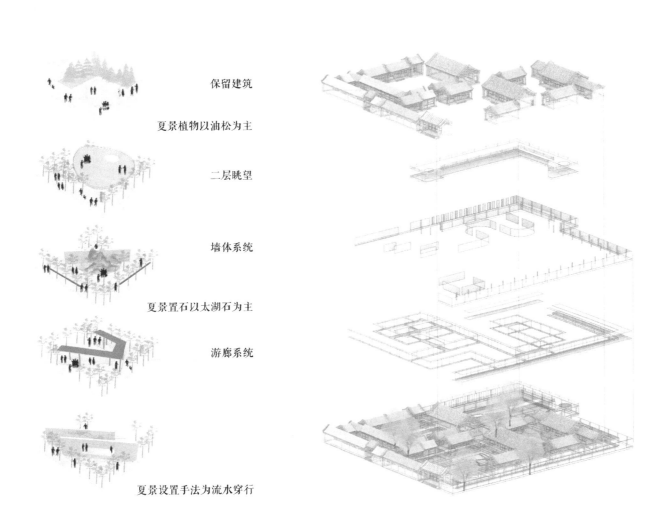

保留建筑

夏景植物以油松为主

二层眺望

墙体系统

夏景置石以太湖石为主

游廊系统

夏景设置手法为流水穿行

　　呼应个园夏山的景观特色，利用建筑之间的狭窄空间设置喷泉与水幕墙，院落中散置太湖石，体验山中穿行，感受池水叮咚的夏景气氛。

隆福宅院六景图

银烛秋光 茂竹倚春 夏木松柯

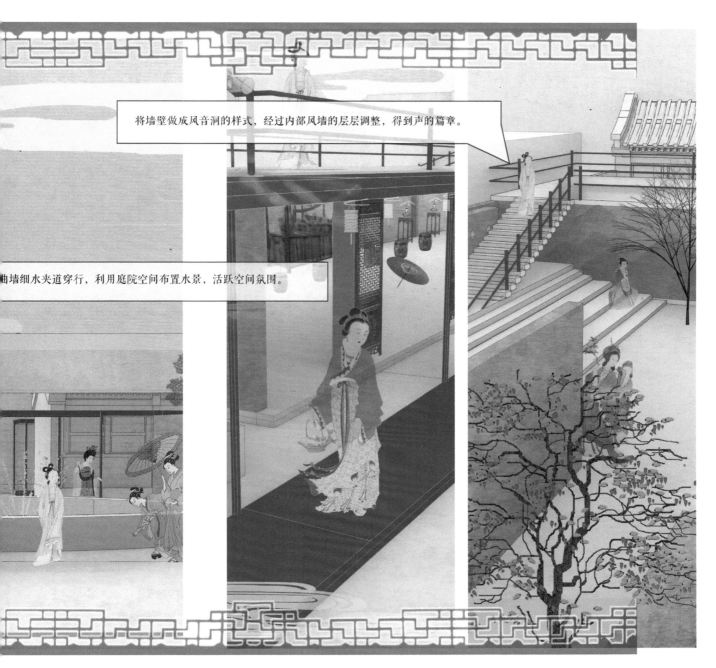

将墙壁做成风音洞的样式，经过内部风墙的层层调整，得到声的篇章。

曲墙细水夹道穿行，利用庭院空间布置水景，活跃空间氛围。

池畔春意　　　　　　　　　　凭栏玉砌　　　　　　　　　　雪夜未央

自然清音六景图

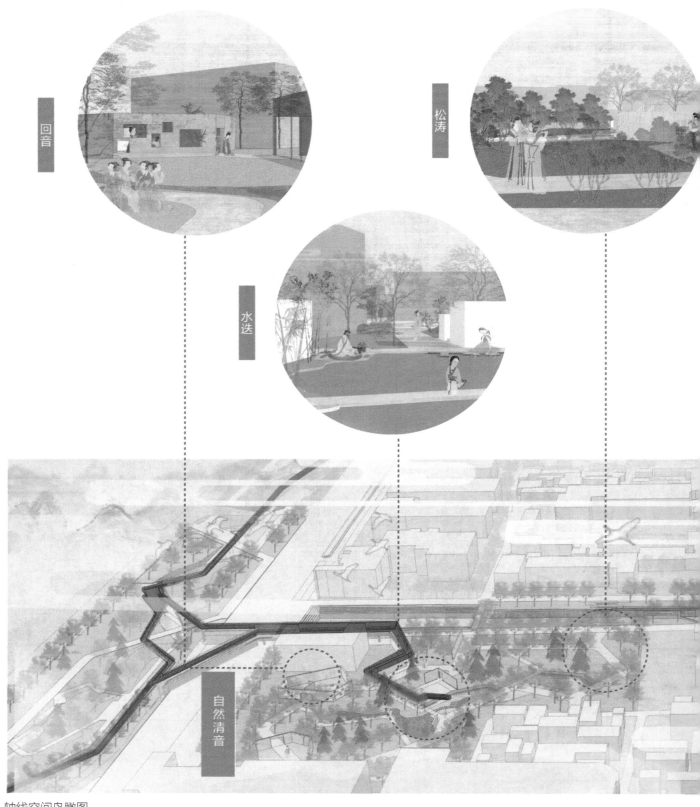

回音

松涛

水迭

自然清音

轴线空间鸟瞰图

景象Ⅰ　园林、诗性、栖居与影像

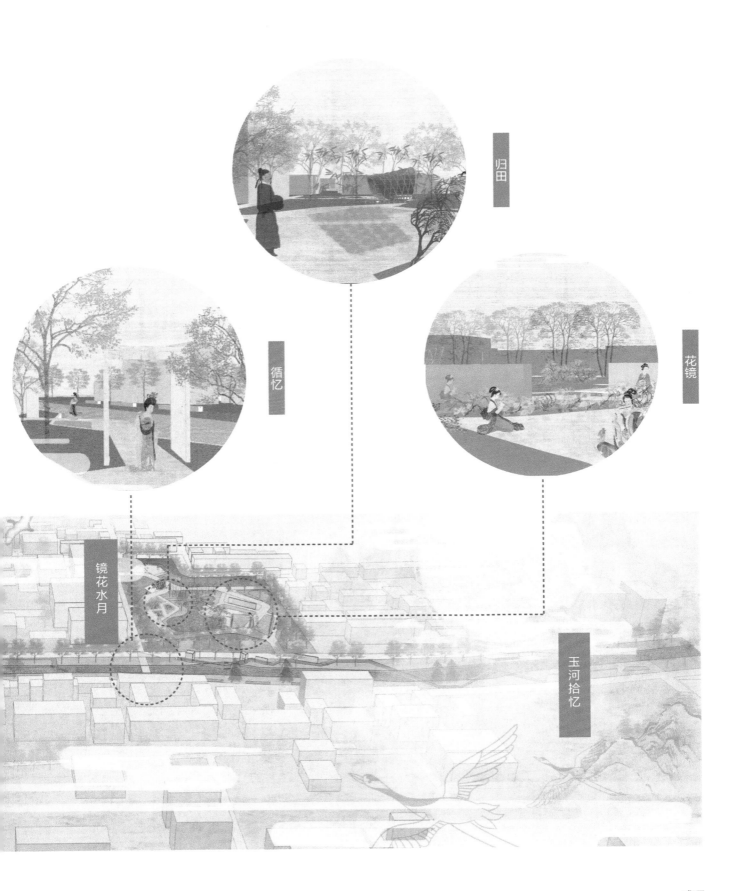

归田

循忆

花镜

镜花水月

玉河拾忆

九曲回廊六景图

印象道口

艺术盒子

木木艺术社区

声光廊道

九曲回廊效果图

景象 I 园林、诗性、栖居与影像

浅观隆福

集会广场

游墙控制性的观看

亲自然生境

织绿记

——基于传统园林当代性转译的亲自然绿色空间更新设计

□ 北京林业大学　邱思嘉

　　中国古典园林是以自然山水为基础，以花木、水石、建筑等为物质手段，在有限的空间里，创造出视觉无尽的、具有高度自然精神境界的环境。法国哲学家米歇尔·福柯（Michel Foucault）将园林称为最古老的"异托邦"。

　　在"存量更新"的时代，存量空间的转型利用成为城镇化发展的必然趋势。隆福寺街区位于北京核心区，坐拥丰厚的历史文化和商业资源，但在"存量时代"同样面临着历史遗存现状堪忧、传统风貌面临威胁、大杂院"群租群住"现象普遍、产权情况复杂

和街巷胡同功能匮乏等问题。如何基于场地有限的空间，回溯过去，将古人在有限的空间延伸出无尽意境的造园手法介入场地设计，打造复合、立体又多元的隆福寺街区成为本次设计的思考核心。

　　将模件、游墙、遮罩和画卷这四种古典园林空间原型作为当代性转译手法进行设计介入，结合"亲自然场景营建"和"城市智能空间置入"，实现隆福寺历史文化的传承与商业民俗的激活，让自然渗透进市井生活的缝隙，在胡同街巷中也能觅得山林地，使烟火气与现代科学交织。

模件：不同层级摆设拼合出的空间单元

可以替换的小物件，通过在不同层级上摆设、拼合，制造出变化无穷的"统一文明"和独特的"社会结构"。

草木　　　　　　　　　　　台阶

置石　　　　　　　　　　　方盒

花纹　　　　　　　　　　　洞门

游墙：控制性的游走与观看

通过游墙界定特殊路径，在特殊节点以"有限"观看的方式做适度遮掩，会让人觉得自然，不那么刻意。

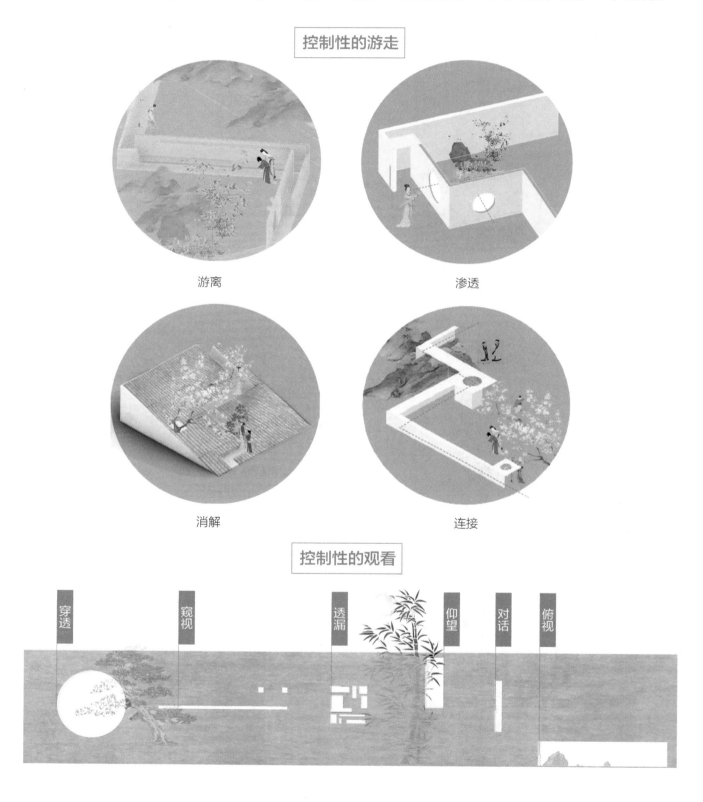

控制性的游走

游离　　　　　　　　　　　　　渗透

消解　　　　　　　　　　　　　连接

控制性的观看

穿透　　窥视　　透漏　　仰望　对话　俯视

遮罩：出世与入世的空间氛围转变

以连绵相接的整体界面为遮罩，完成园林中的视觉控制，山水蜿蜒，风景多姿。

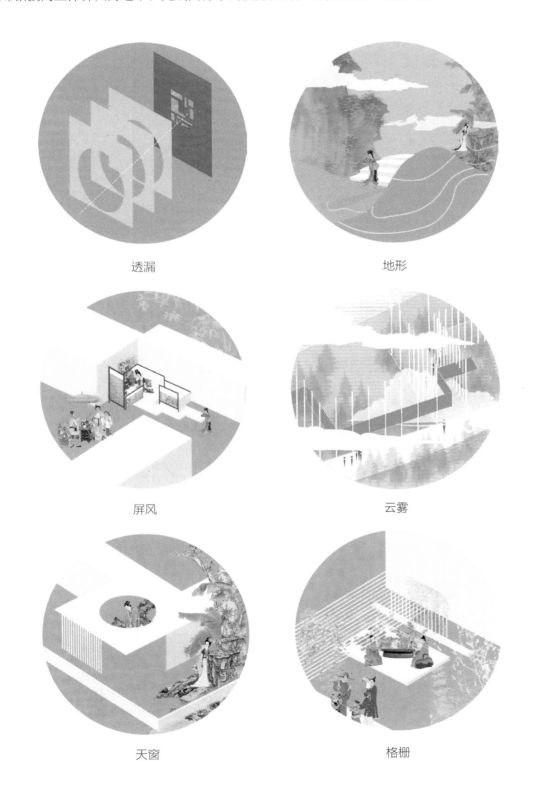

透漏

地形

屏风

云雾

天窗

格栅

画卷：如画卷般的游览体验

通过模件、游墙、遮罩3个层级的拼接融合，在场地内形成如画卷般的游览体验，营造"身在城市却犹在山林"的空间氛围。画卷主要分为"探幽路径""循迹路径"和"漫游路径"3条游览线路，形成隆福寺街区特色游览路径，并实现居民与游客活动动线的交会和分离。

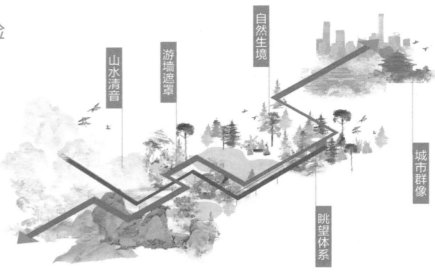

探幽路径

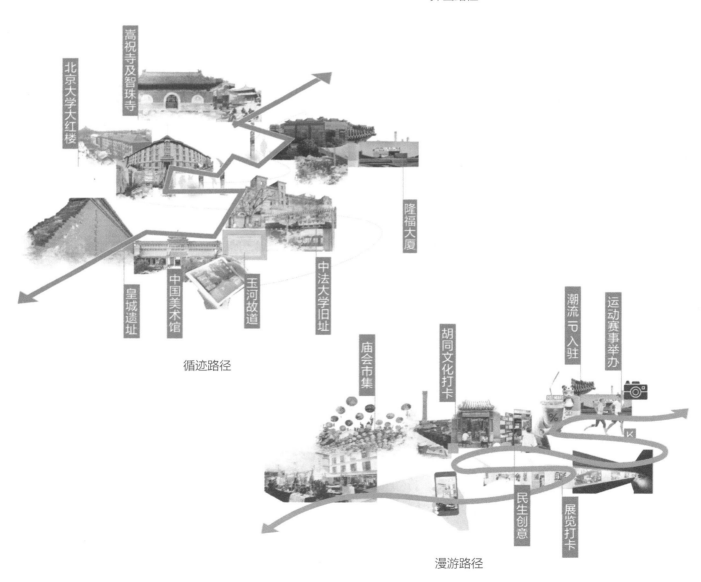

循迹路径

漫游路径

本次设计一共分为4个点位：皇城根遗址公园、五四大街开放空间、隆福寺街区开放空间和什锦花园胡同（美术馆后街）微更新。4个点位一共有19个重要的设计节点，旨在形成场地的绿色网络，承载居民和游客的活动，打造隆福寺街区标识。

皇城根遗址公园设计节点

五四大街开放空间设计节点　　隆福寺街区开放空间设计节点　　什锦花园胡同设计节点

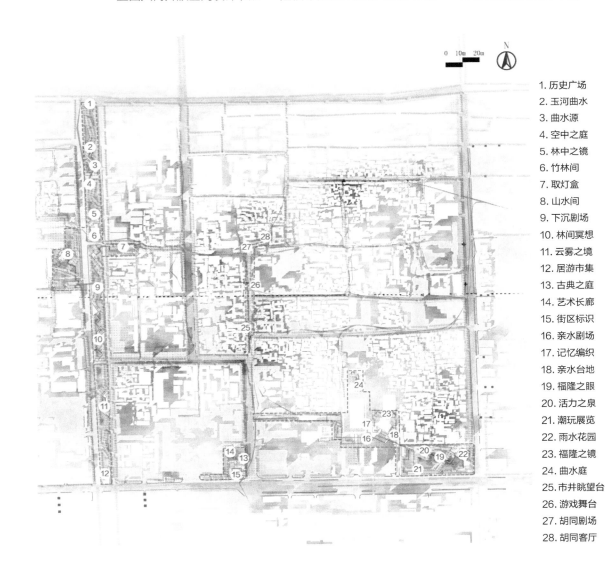

总平面图

1. 历史广场
2. 玉河曲水
3. 曲水源
4. 空中之庭
5. 林中之镜
6. 竹林间
7. 取灯盒
8. 山水间
9. 下沉剧场
10. 林间冥想
11. 云雾之境
12. 居游市集
13. 古典之庭
14. 艺术长廊
15. 街区标识
16. 亲水剧场
17. 记忆编织
18. 亲水台地
19. 福隆之眼
20. 活力之泉
21. 潮玩展览
22. 雨水花园
23. 福隆之镜
24. 曲水庭
25. 市井眺望台
26. 游戏舞台
27. 胡同剧场
28. 胡同客厅

亲自然设计

顶界面

垂直界面 1

垂直界面 2

构筑设计

构筑物 1

构筑物 2

构筑物 3

构筑物 4

构筑物 5

构筑物 6

效果图 1

效果图 2

亲自然垂直界面

框景与空间渗透

天井与亲自然垂直绿化

限定观看方式的智能数据监测游墙

亲自然生

智能科普系统

对景隆福大厦

亲自然生境

游墙控制性的观看

景象 I　园林、诗性、栖居与影像

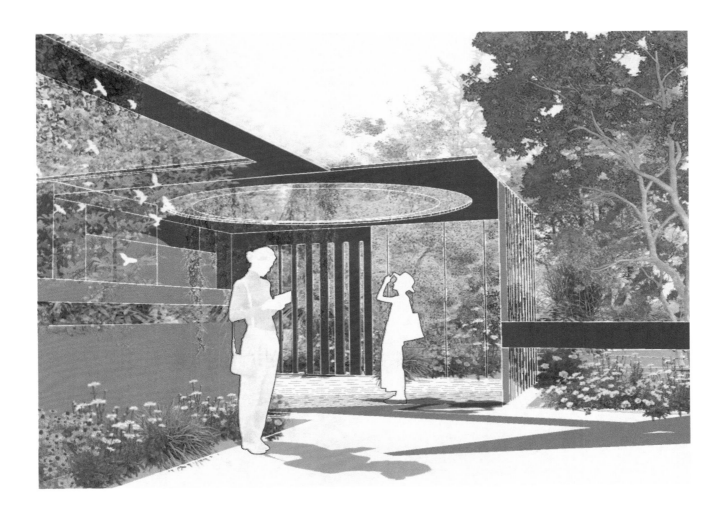

诗性的回归

——基于古典园林当代性转译与未来诗意栖居的城市绿色空间更新设计

□ 北京林业大学　班馨月

当代空间是一种多元文化并置的空间，让人感觉是既邻近又遥远、既稔熟又陌生、既现实又虚构的"异托邦"。

北京隆福寺街区存在丰富的历史遗存，但也面临着场地文脉断裂、空间碎片化倾向、社会结构与人群诉求的复杂性等多维度的问题，还面临着种种当代性的空间困境，如快与慢、迭代与滞留、群体与自我、共享与隐私、复杂与简单、精神与物质……在"当代性"的困惑中，本次设计试图通过"古典性"来探索一个出路。

设计以"异托邦"概念解析中国古典园林空间，选取遮罩、游墙的古典原型植入设计场地，结合"当代性"的空间语境，以"模件"作为现代性的呼应展开设计，论证空间古典性与现代性的耦合关系。深入挖掘"栖居"的文化内涵，从"时间""空间""人群"三个维度展开设计，弥合文化断层、梳理渗透不同尺度的空间、包容属于每个人自己的"栖居"——乘兴而来者有景可观、萍水相逢者得片刻安住、匆匆路过者得以暂憩、周边居住者日涉成趣，如昔时之"园居"。

遮罩：云山雾罩与小中见大

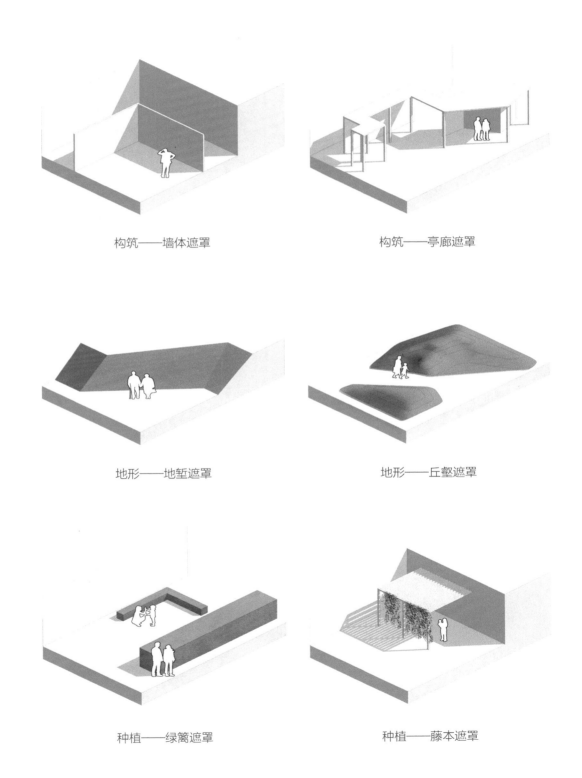

构筑——墙体遮罩   构筑——亭廊遮罩

地形——地堑遮罩   地形——丘壑遮罩

种植——绿篱遮罩   种植——藤本遮罩

景象 I　园林、诗性、栖居与影像

游墙：控制性的游走与控制性的观看

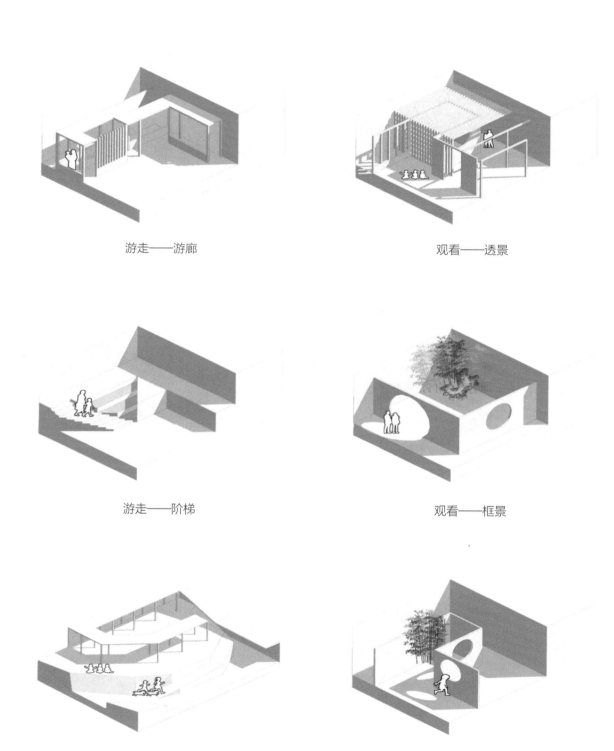

游走——游廊

观看——透景

游走——阶梯

观看——框景

游走——坡道

观看——对景

模件：可自由复制、组合、调整、叠加的设计

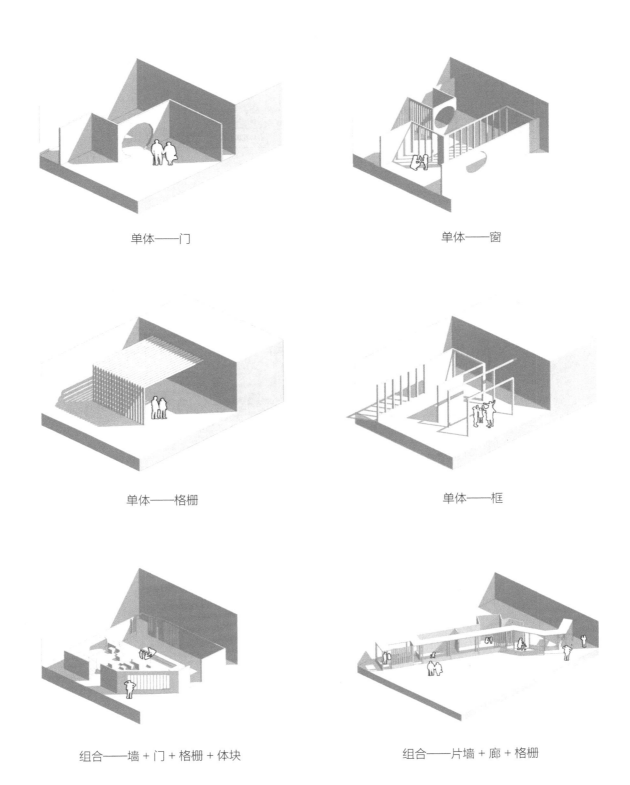

单体——门

单体——窗

单体——格栅

单体——框

组合——墙 + 门 + 格栅 + 体块

组合——片墙 + 廊 + 格栅

北京隆福寺街区位于北京市东城区中部，处于首都功能核心区、历史文化精华区内，历史可追溯至元代，场地内部及周边密布历史遗迹与文化精华点，存在寺庙文化、商业文化、演艺文化、故居文化、官邸文化五大鲜明的传统文化。同时，该街区也面临着绿地与开放空间不足、分布不均，区块内部道路可达性差，空间肌理稠密且杂乱等问题。

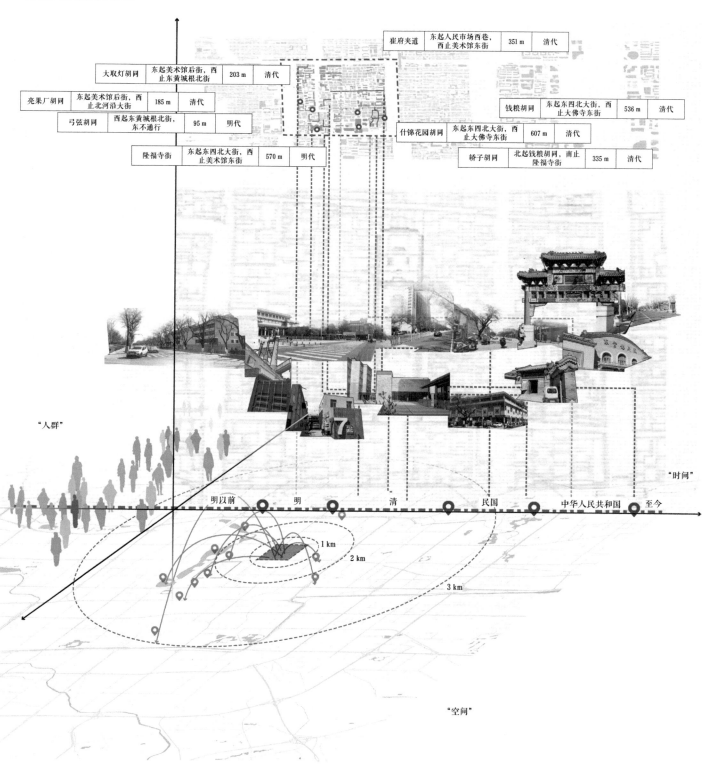

崔府夹道	东起人民市场西巷，西止美术馆东街	351 m	清代
大取灯胡同	东起美术馆后街，西止东黄城根北街	203 m	清代
亮果厂胡同	东起美术馆后街，西止北河沿大街	185 m	清代
弓弦胡同	西起东黄城根北街，东不通行	95 m	明代
隆福寺街	东起东四北大街，西止美术馆东街	570 m	明代
钱粮胡同	东起东四北大街，西止大佛寺东街	536 m	清代
什锦花园胡同	东起东四北大街，西止大佛寺东街	607 m	清代
轿子胡同	北起钱粮胡同，南止隆福寺街	335 m	清代

"人群"

"时间"

明以前　　明　　　清　　　民国　　中华人民共和国　　至今

1 km　　2 km　　3 km

"空间"

景象 I　园林、诗性、栖居与影像

本次设计包括三部分内容，即绿轴线性空间的设计、三处重要节点（隆福大厦、中国美术馆与木木艺术社区）的详细设计以及基于"模件"构想的两种可复制的胡同小微空间设计范式。

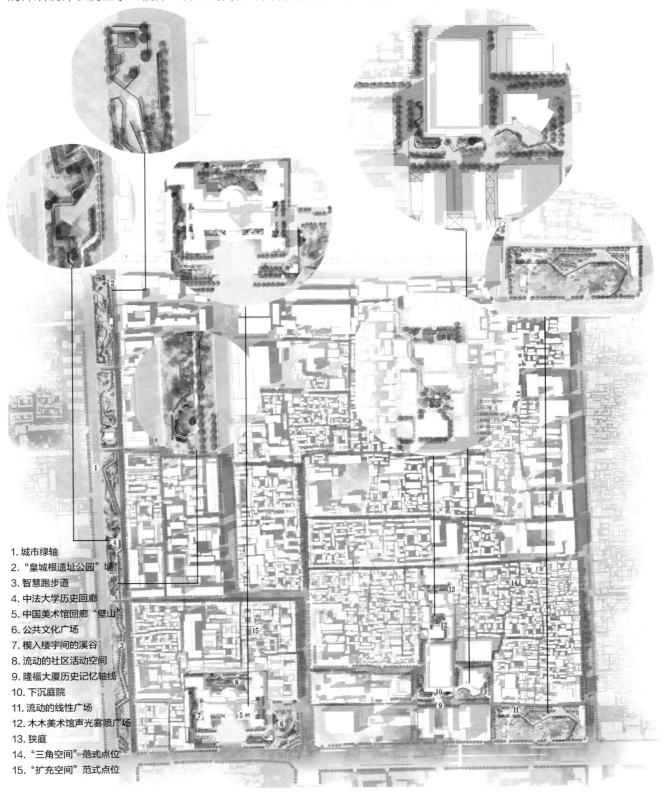

1. 城市绿轴
2. "皇城根遗址公园"墙
3. 智慧跑步道
4. 中法大学历史回廊
5. 中国美术馆回廊"壁山"
6. 公共文化广场
7. 楔入楼宇间的溪谷
8. 流动的社区活动空间
9. 隆福大厦历史记忆轴线
10. 下沉庭院
11. 流动的线性广场
12. 木木美术馆声光雾喷广场
13. 狭庭
14. "三角空间"范式点位
15. "扩充空间"范式点位

总平面图

结合地形设置流动云墙

沿墙设置休憩交流空间

智慧绿轴

表现空间张弛变化、交替串联
外向与内向空间的景观结构；
基于"游观"的概念，给人山
水长卷般的游走体验；智慧跑
步道贯穿绿轴。

楔入楼宇间的溪谷

下沉剧场与边界墙体的柔性处理

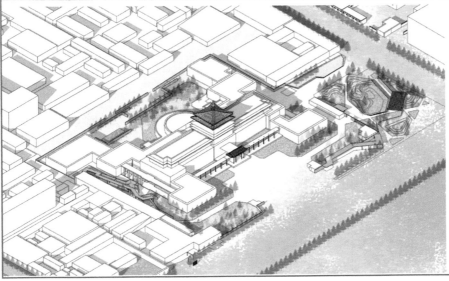

中国美术馆

设计重点解决场地中的消极界面、边界隔离问题，用边界柔性隔离，减少内外视线阻隔；北侧适度打开围墙，借鉴流动空间手法，将胡同居民引入场地；利用建筑西侧狭窄的剩余空间打造一处别有洞天的游廊空间；建筑回廊借鉴江南园林"壁山"手法，形成富有传统意蕴的景观界面；临街设计公共文化广场。

隆福大厦

利用公共空间逐步消解建筑体量，与周边空间肌理形成平稳衔接；空间局部下沉，提供亲水体验的跌水景观。

下沉庭院

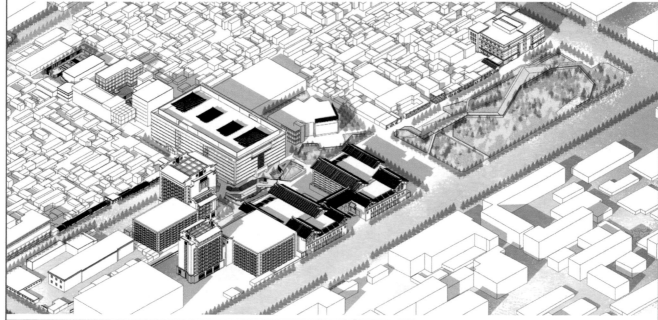

跌水的亲水界面

景象 Ⅰ　园林、诗性、栖居与影像

木木艺术社区

"艺术+商业"模式的文化生活圈；小规模、群体特征明显的聚集活动地点；地面灯带指引场地，串联前后庭院；前庭广场设置雾喷并嵌入声光设施，夜间可举办光影表演活动；广场中央以片墙围合出一处小空间，正方体模件可自由组合使用；后庭设置一处由镂空墙体围合的狭庭，形成对外的遮蔽与对内的聚拢。

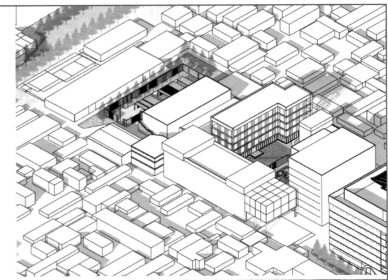

游墙围合的小空间与可自由堆叠的正方体模件

狭庭部分墙体翻折形成廊架

隆福穿越计划

——场地缝合与历史回应

□ 中央美术学院　王琨禹

　　毕业设计以古典园林现代转译为出发点，以隆福寺街区及周边地区为设计对象，通过对隆福寺街区周边4千米内的商圈及历史建筑进行分析，明确隆福寺街区文化体验和文化创新定位。

　　通过研究古典园林中廊道的平面、剖面类型以及处理高差的方式，对古典园林廊道空间进行重新定义与分类，并根据分析后的空间类型将其转译为适用于现代活动的"廊空间"。

　　设计时在场地中置入转译后的"廊道系统"，将场地原有的历史活动与现存的功能相结合，重塑隆福寺街区历史记忆点的同时，创造可供人群公共活动的空间。廊道系统在解决场地问题的同时，也作为场地内部的一个"异托邦"，让行走在其中的游客有更多的空间体验。

　　整个设计旨在解决场地问题，同时激发隆福寺街区活力，增强周边居民对该街区的记忆点与认同感。

中国古典园林廊道空间分类

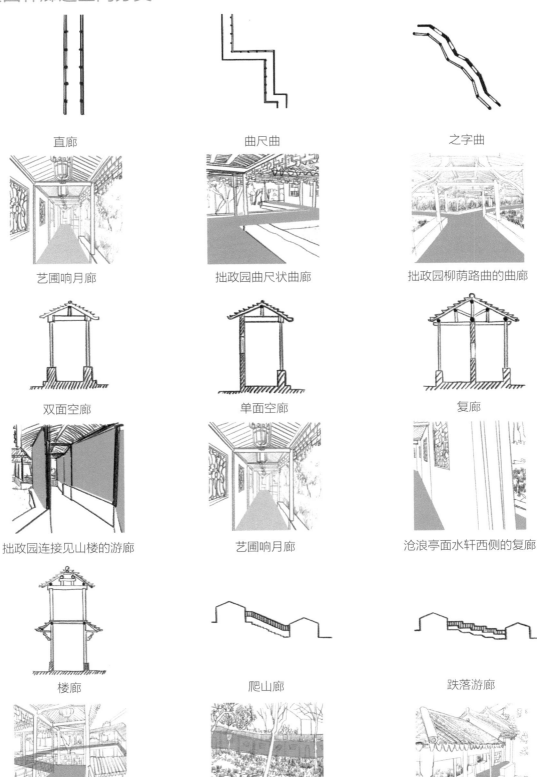

直廊

曲尺曲

之字曲

艺圃响月廊

拙政园曲尺状曲廊

拙政园柳荫路曲的曲廊

双面空廊

单面空廊

复廊

拙政园连接见山楼的游廊

艺圃响月廊

沧浪亭面水轩西侧的复廊

楼廊

爬山廊

跌落游廊

个园楼廊

拙政园爬山廊

避暑山庄梨花半月的跌落游廊

廊道系统

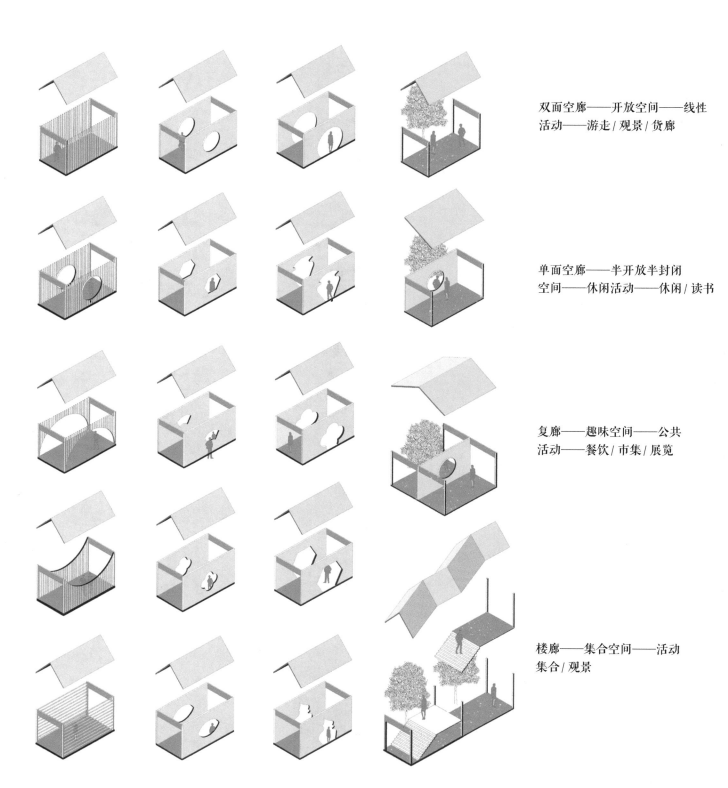

双面空廊——开放空间——线性
活动——游走 / 观景 / 货廊

单面空廊——半开放半封闭
空间——休闲活动——休闲 / 读书

复廊——趣味空间——公共
活动——餐饮 / 市集 / 展览

楼廊——集合空间——活动
集合 / 观景

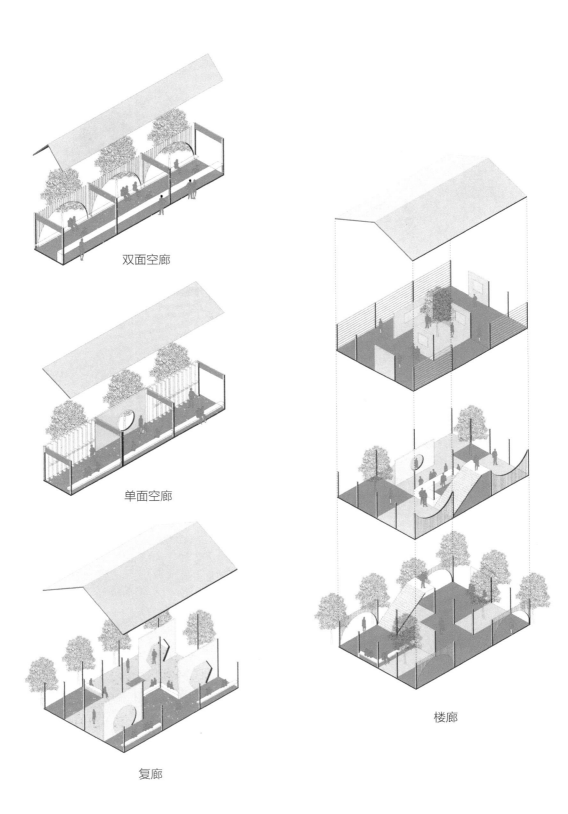

双面空廊

单面空廊

复廊

楼廊

设计场地区位分析

北京隆福寺街区位于北京市的东城区，东城区本身就是北京市内历史文物古迹十分密集的区域。场地周边1千米以内就有故宫、南锣鼓巷、雍和宫，再向外有天坛、王府井，可以说隆福寺街区是被一些知名的历史文物古迹环绕的区域。而周围的历史古迹相较于隆福寺街区有知名度高、保存完好、人流量大的优势，反观隆福寺街区因多次火灾，历史建筑早已被毁，与周边的历史建筑相比竞争力较弱，所以在设计时不考虑将其作为主要历史展示的区域。

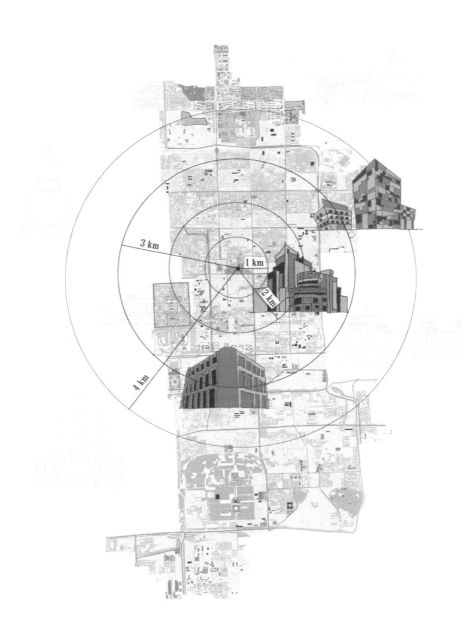

　　隆福寺周边的商业区同样十分密集，有三里屯、王府井、朝阳门、南锣鼓巷商圈。其中王府井商圈有其特有的老字号，三里屯商圈散发着青春时尚气息，南锣鼓巷商圈有历史建筑的展示，朝阳门商圈则可以结合周边办公建筑，这些商圈相较于隆福寺街区，同样具有知名度高、人流量大、外来游客多的优势。而隆福寺街区的位置相对隐蔽，历史特有商业文化的消失，导致其在周边商圈中的竞争优势同样不明显。基于以上对比，设计的侧重点应放在展示文化上，将隆福寺街区的设计方向定位为"文化体验与创新"。

宗教功能　　　　　　　　　　　　　　　　庙会 / 书市 / 花鸟鱼虫市场

元　　　　　明　　　　　　清　　　　　　　民国

隆福大厦

隆福大厦共九层，分别是首层的办公空间、2~8层的办公区域，以及9层的隆福文化中心，隆福文化中心有四殿三院的仿古建筑博物馆，将展览与打卡功能相结合。

金隆基大厦

金隆基大厦共十层，以办公功能为主，人民出版社也位于此。

长虹影城

长虹影城分为四层，总面积约7000平方米，有近800座放映空间，曾是北京单体规模最大的现代专业影城。

众创空间（WEWORK）办公中心

WEWORK办公中心是新型办公商业楼，也会举办一些集体活动，如城市乐跑等，人员流动量较大。

木木艺术社区

木木艺术社区共四上有屋顶花园，可举办展览，令隆福街区重回公众视野大卫·霍克尼展览在此举行。

景象 Ⅰ　园林、诗性、栖居与影像

东四人民市场   隆福大厦

中华人民共和国   至今

锦堂

锦堂餐厅内部有艺术品和历史文物真品，流量较小，内部较为私密，上有屋顶花园。

苏苏（SUSU）越南菜

SUSU越南菜保留原有的红砖建筑（原隆福寺职工食堂），改造成餐厅，共两层，有可利用的平屋顶。

京A精酿餐吧

京A精酿餐吧保留原有红砖建筑，改为啤酒屋，常举办音乐节、啤酒节等活动，人流量较大。

伯顿（BURTON）综合体验店

BURTON为单板滑雪品牌综合体验店，内部可进行雪具售卖及滑雪展览，同时也可举办如"将冰雪引进隆福寺"等活动，人流量大。

民航信息大楼

民航信息大楼有围墙相隔，内有专属停车场及广场，主要为工作人员使用。

成果

设计场地现有问题与解决办法

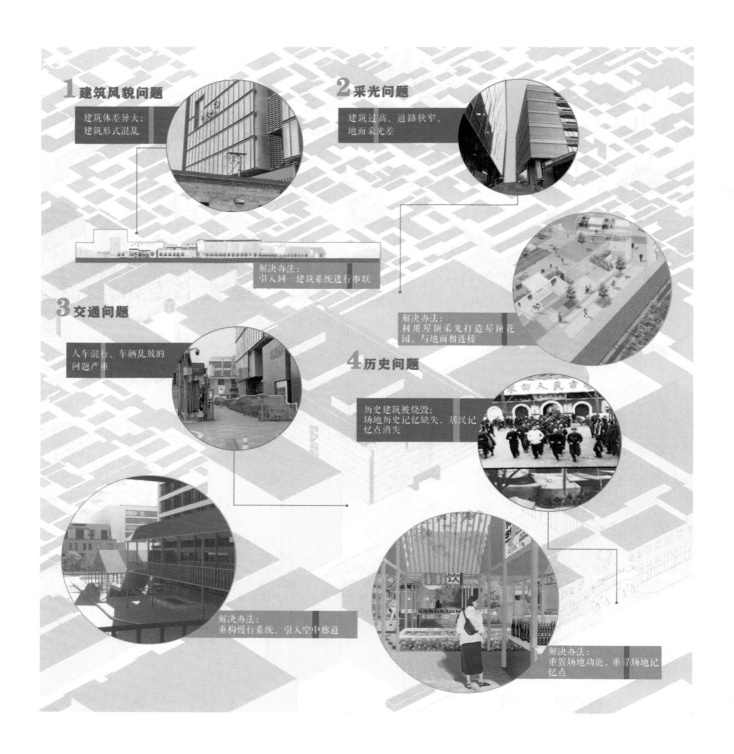

1 建筑风貌问题

建筑体差异大；
建筑形式混乱

解决办法：
引入同一建筑系统进行串联

2 采光问题

建筑过高、道路狭窄、
地面采光差

解决办法：
利用屋顶采光打造屋顶花园，与地面相连接

3 交通问题

人车混行、车辆乱放的
问题严重

解决办法：
重构慢行系统，引入空中廊道

4 历史问题

历史建筑被烧毁；
场地历史记忆缺失、居民记忆点消失

解决办法：
重置场地功能，重塑场地记忆点

双面空廊

双面空廊的两侧均为列柱透空，没有实墙，在廊中可以观赏两面景色，是中国园林中最常使用的一种形式。双面空廊有视线通透的特点，所以在方案中把它作为一种开放空间，承载一些人群活动。

转译关键词：开放

双面空廊——开放
空间——线性活动——
游走/观景/货廊

历史回应

复廊

复廊是在双面空廊的中间隔一道墙，形成两侧单面空廊的空间形式。廊内分成两条走道，中间墙上开有漏窗，从廊的一边透过漏窗可以看到廊的另一边景色。设计中可作为一种趣味空间承载公共活动。

刚刚逛完隆福文化中心就下雨了，幸好坐电梯可以直接下到廊子里，那就顺着走过去，再去那边的市集逛逛吧。

景象 I   园林、诗性、栖居与影像

抄手游廊

抄手游廊是中国传统建筑中一种常见的走廊形式，多见于四合院中，与垂花门相衔接。在设计中用在隆福大厦的门口，可供游客行走，也可供人休憩小坐，观赏院内景致。

入口 广场区

我在旁边的办公楼上班，中午经常来这边吃饭，顺便还可以晒晒太阳。

转译关键词：半开放

单面空廊——半开放半封闭空间——休闲活动——休闲/读书

居民 游乐场

单面空廊

单面空廊是一面透空、一面有实墙的廊形式，设计中将其作为一种半开放半封闭空间，可承载游客休闲活动。

景象 I　园林、诗性、栖居与影像

记忆共感

——中国古典园林与当代设计的古典性研究

□ 中央美术学院　熊菀婷

中国古典园林作为人类文明的艺术瑰宝，其中运用了丰富多样的造园手法，具有无与伦比的艺术价值和高超精湛的技术水平，也充分展现出我国古代劳动人民不断开拓进取的精神和令人称叹的智慧。

"光"作为自然界中的一种重要物质，与"影"有着相辅相成、相互依存的关系。可以说，有光的地方就有影。自然光是中国古典园林中最主要的光源，光影在设计中也发挥着不可或缺的作用。中国古典园林中光影环境的形成受到传统的哲学内涵、含蓄意境的影响，讲究自然美和人工美的结合。光影的设计和组织并不是杂乱无章的自由排布，而是根据空间需求和设计意图进行有规律、有设计的处理，从而营造出中国古典园林中丰富的光影空间和变化多样的视觉

效果。

在现代景观设计中，光影仍是设计过程中无法忽略的元素，人们也一直保持着对光影的探究。在景观设计中，处理好空间中的光影关系，有利于解决场地问题、塑造场地氛围、呈现更好的设计效果。

隆福寺街区由于各种发展原因，场地存在光照条件差、光影问题突出的弊端，本设计希望通过研究中国古典园林的光影设计手法，继续拓展其在当代景观设计中运用的深度和广度。本设计旨在和隆福寺街区的实地条件相结合，借用古典园林中劳动人民智慧的结晶，解决隆福寺街区的光照问题，提升场地的活力，吸引外部人流，为使用人群提供更舒适有趣的公共空间，推动隆福寺街区进一步发展。

概念元素提取

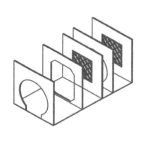 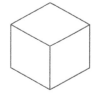   

| 引光（门窗洞组合） | 阻光 | 引光 | 滤光 | 反光 |

中国古典园林利用引光、反光、滤光、阻光等多种设计手法重塑光源，打造园林空间中光源的多样性。

将中国古典园林中的各种光影设计手法归纳成具象的空间体块，再将这些空间体块与场地商业特征相结合，最终得到具有场地特色和传统特色的构筑物模块。模块多用强反射、透明、半透明的材料，结合中国古典园林中的各种光影手法进行设计，调节场地的光影和活力问题。

场地分析

隆福寺街区文化资源丰富，有十个挂牌保护院落，还有名人故居、寺庙、文化建筑等，可归纳出寺庙文化、商业文化、演艺文化、故居文化、官邸文化五大传统文化。

隆福大厦自 2000 年后有过多次改造尝试，如摒弃原有特色的五金及家电，效仿其他商圈经营业态，

定位服装、小吃等，但均未能迎来转机。街区仅依靠隆福大厦和隆福广场吸引客流，业态单一、孤立无援、缺乏竞争力，原有的特色民俗商业逐渐消失，场地逐渐失去吸引力，难以企及之后兴起的西单、王府井等商圈。

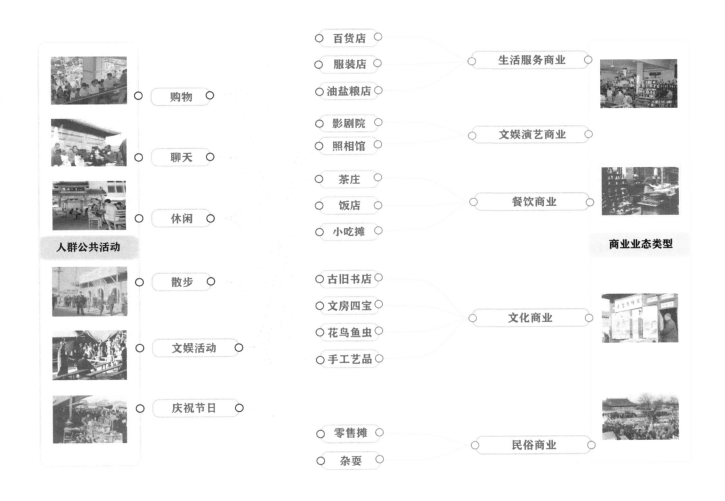

隆福寺街区历史业态类型分析

隆福寺街区内建筑密度大，且建筑体量大，导致街区内的采光存在很大问题。有大街区域存在光线照射不到的地方，或是一天内能受到光照的时间很短，特别是在北部的一些狭窄地段更是常年见不到阳光，这使得整街区域非常阴冷，让人不愿久留。

通过对场地模型进行简单的光影分析可以看出，场地内只有在正午能拥有比较好的光照条件，在早晨和晚上都会被大面积的阴影笼罩。从平面上不同时间段的阴影分析可以更清楚地看出光照情况，高大的建筑群导致场地的采光条件很不好，早晚时间段更是有大街区域处于阴影之中。

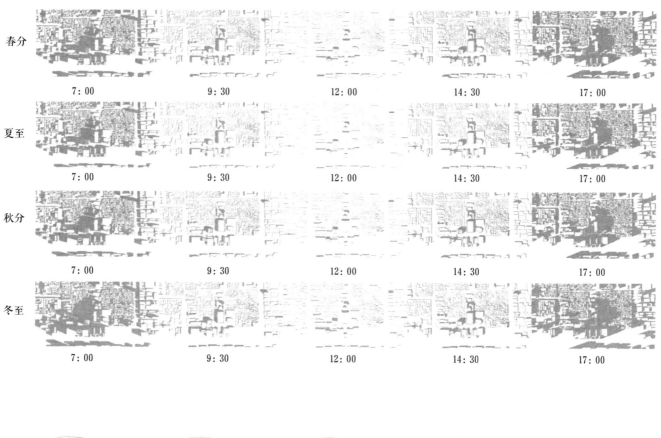

春分				
7：00	9：30	12：00	14：30	17：00
夏至				
7：00	9：30	12：00	14：30	17：00
秋分				
7：00	9：30	12：00	14：30	17：00
冬至				
7：00	9：30	12：00	14：30	17：00

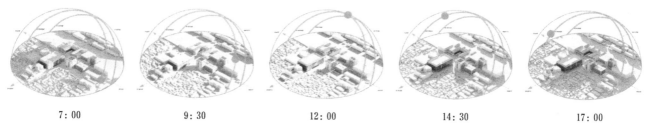

7：00   9：30   12：00   14：30   17：00

隆福寺街区光影分析

改造策略

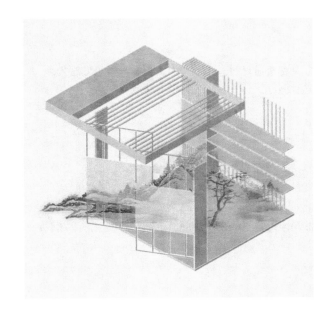

模块一

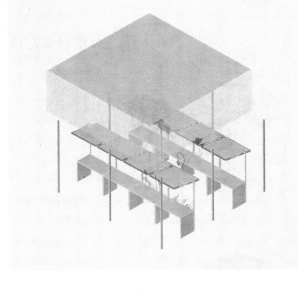

模块二

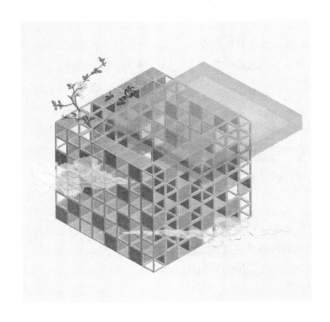

模块三

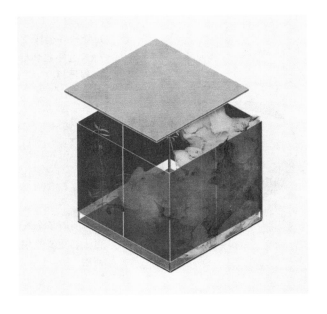

模块四

S
优势
（Strengths）

1.地理位置优越

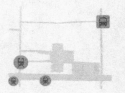

2.外部交通便利，可
达性强

3.商业发展历史悠久，
故事性强

W
劣势
（Weaknesses）

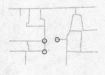

1.内部道路狭窄，通
行不畅

2.场地内光照条件较差

3.业态单一，活力不足

O
机遇
（Opportunities）

1.隆福寺街区改造被
列入近年北京市重点
工程项目

2.木木艺术社区的存
在带来更多艺术相关
的资源

3.各类网红店铺的入驻为
场地注入新的活力

T
威胁
（Threats）

1.周围有多个人流量
更大、更具吸引力的
商圈

2.随着城市发展规划不断
实施的人口外迁政策，旧
城人口逐年下降导致街区
客源流失

3.传统风貌濒临消失

隆福寺街区 SWOT 分析[1]

1　SWOT 分析：即基于内外部竞争环境和竞争条件下的态势分析，就是将与研究对象密切相关的各种主要内部优势、劣势和外部的机会和威胁等，通过调查列举出来，并依照矩阵形式排列，然后用系统分析的思想，把各种因素相互匹配起来加以分析，从中得出一系列相应的结论，而结论通常带有一定的决策性。

记忆共感

隆福寺街区作为一个传统与工业化、过去与现在、幻想与现实并置的场所，其本身就是一个包含着各种异托邦类型的"大异托邦"。异托邦的存在依赖于人心的联结方式，现实场所是不完美的、破碎的，但人们可以通过记忆相联结，把破碎的记忆拼凑成完整的现实，有限的记忆和历史可以在这里变成无限的未来。

设计期望在隆福寺街区这样一个"大异托邦"中构建一系列"小异托邦"，将这些具象化的"小异托邦"用作延续场地商业特征的场所，它们会以模块的形式——一对应着场地历史中存在过的五种商业类型，成为进行记忆交换、把记忆当作商品的地方。在"购买"隆福寺街区原本的历史记忆后，人们会在地区内留下自己的记忆进行交换，场地不再是一个仅仅留存有原始历史记忆的地方，而是一个不断叠加记忆、不断更新的具有异托邦特征的空间，从而产生新的吸引力。

记忆共感游线演绎

　　隆福寺街区熙攘的过往历史逐渐褪色成一张斑驳的旧报纸，但它并不会永久沉寂。设计中的小模块会将场地活力唤醒，带领使用者体验异托邦中的别样隆福寺街区。

在具有书店空间特征的模块中，使用者可以在这里阅读讨论，或随心所欲地独自消磨时光。

在具有集市空间特征的模块中，使用者既可以是卖家又可以是买家，自由便捷的交易活动既能丰富周围居民的日常生活，又能让大家从中一窥曾经的商业盛况。

游走在场地中，会看见具有剧场空间特征的模块，会发生怎样意想不到的戏剧性故事呢？场地中的每个使用者都是独一无二的编剧。

　　场地的使用方式不会一成不变，每个使用者的痕迹都会成为场地不断更替变化的一部分。新历史将会不断吸取旧历史的养分，隆福寺街区也会因为新活力的注入而重获生机。

场景·体验

——隆福寺街区空间复苏

□ 天津大学　黄　灿　刘宇阳　孙晓辰

　　历史街区普遍存在诸多问题，例如公共空间绿地少，空间肌理混杂；活跃性差，历史资源未充分利用；街区功能未完善，路径组织不畅等。这些现实问题使得历史街区的历史资源并未得到很好的开发与利用，人居环境存在诸多需要优化的空间。这引发了建筑在当代发展过程中关于深层原因的思考，比如建筑与自然和社会环境分离，使用者行为方式与空间的组织和形式产生脱节。

　　中国古典园林是古代文人休闲起居和进行文化生活的场所，具有"建筑—人—环境"一体化的内在基因，同时具有独特的空间路径组织方式。提取园林中的空间原型并以类型化的工作方法与功能相匹配，来整合历史街区的公共空间。运用在城市环境中塑造微型山水环境的可能性及将相应方法融入丰富游观体验的方式，这或许是提升城市历史街区活力的新策略。

隆福寺街区更新设计

项目背景SWOT分析

优势
Strengths

1. 地块有丰富的历史文脉, 书肆文化、寺庙文化、戏曲文化、民俗文化等多重文化并存, 具有一定的旅游资源, 周围艺术文化设施多。
2. 交通便利, 临靠钱粮胡同。

劣势
Weaknesses

1. 城市缺少设计, 胡同风貌限制了部分改建设计。
2. 缺少公共绿地和公共活动空间, 胡同功能匮乏, 有大量断头路。

机遇
Opportunities

1. 上位规划提供艺术资源的入驻。
2. 胡同区的肌理变化多, 木木艺术社区可以吸引大量人流。

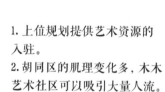

威胁
Threats

1. 产权问题仍然需要重视。
2. 历史文化、经济问题及环境弊端交织, 对于未来发展仍是较大的挑战。

理念推演

A. 寺庙展览区
（礼仪区）
建筑密度较高，空间轴线性明显，具有较强的庄重感，游览路径简单。

B. 民俗活动区
（宴会区）
廊道围绕不规则形状院落，使得建筑空间、院落空间和过渡空间紧密交错、融为一体。

C. 艺术工作区
（书房区）
南侧公共院落穿梭连接，活跃性强；北侧建筑附属私密院落用来观赏。

D. 居住种植区
（苗圃区）
院落呈现明显朝南的方向性，院落之间形成清晰的主次分界关系。

E. 戏曲文化区
（主景区）
围绕水体布置，为开敞的灰空间游览路径环形布置，空间开敞。

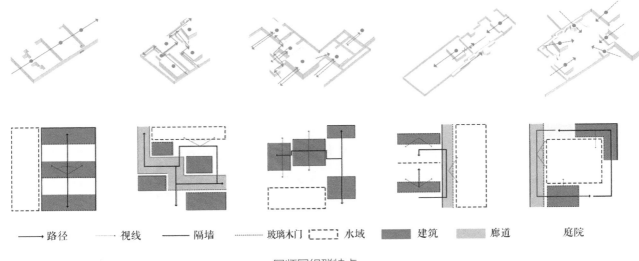

——→ 路径　——·—— 视线　—— 隔墙　········ 玻璃木门　⌐¬ 水域　▉ 建筑　▨ 廊道　　庭院

网师园组群特点

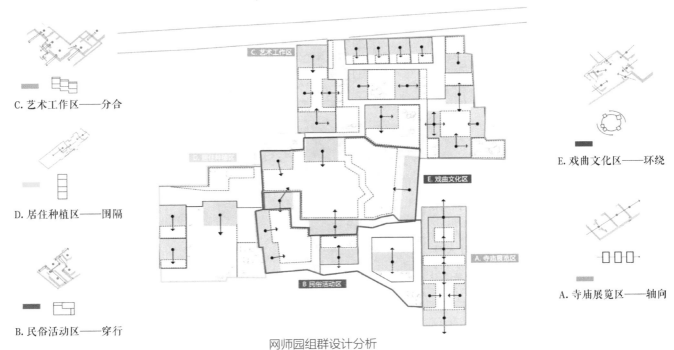

C. 艺术工作区——分合

D. 居住种植区——围隔

B. 民俗活动区——穿行

网师园组群设计分析

E. 戏曲文化区——环绕

A. 寺庙展览区——轴向

场景 · 体验——假日的一天

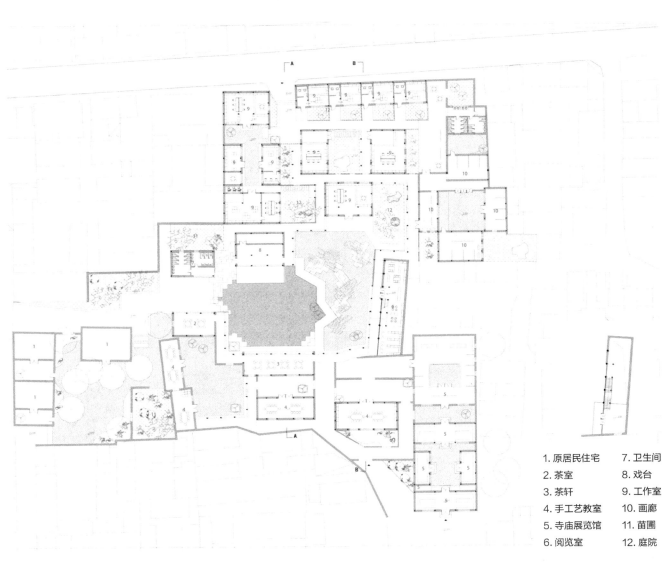

总平面图

1. 原居民住宅　　7. 卫生间
2. 茶室　　　　　8. 戏台
3. 茶轩　　　　　9. 工作室
4. 手工艺教室　　10. 画廊
5. 寺庙展览馆　　11. 苗圃
6. 阅览室　　　　12. 庭院

实物模型展示

景象 I 园林、诗性、栖居与影像

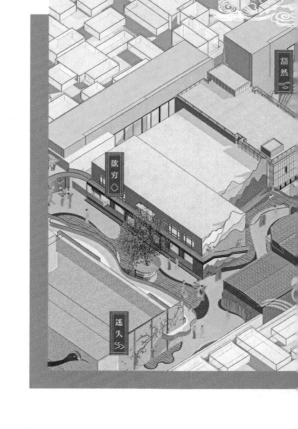

数字借景

——古典园林借景设计手法的现代光影转译

□ 中国传媒大学　黄雨婷

中国古典园林承载着深厚的历史文化和艺术内涵，在意境营造上有着独特的智慧，而"借景"是其中之一。通过借助周边的景物，借景能够丰富园林空间的层次和韵味。《园冶》中"借景"是借园外的景观融入园内的视线范围，给园内的景观增加空间层次感，也是能让人们身临其境并且传递情感的重要手段。在当代园林景观中，借景的运用也极其广泛。借景通常通过诗意和画意的表现形式来营造浑然天成的美感。然而，之前的研究更多是对借景的理论阐述，强调其中心思想和基本原则，本设计则更加系统化地梳理借景的类型，归纳其手法的特点，并总结出相应的设计方法。这一方法更加关注过程和逻辑，提供明确的设计步骤和研究对象，可以更加有力地应用在当代各种类型的景观设计中。本设计将数字光影作为一种造景手段，将其应用于景观设计中，提供新的创作思维，为数字光影设计和新媒体艺术提供新的可能。本次实践旨在探索在数字时代的背景下，借景是否具有新的可能性。笔者认为，新媒体艺术的出现为借景注入的机遇，拓展了创作的媒介，衍生出多维、立体、动态的借景手段。古典园林也因此被新媒体艺术所转译。

本设计选址于北京市东城区隆福寺街区，地处市中心二环内，位于东四的十字路口西北角。其南侧毗邻"朝阜大街"，连接朝阳门至阜成门，两侧有西四、东四等繁华商业区和故宫、北海等世界文化遗产，是融合北京传统文化特色的景观走廊。

隆福寺周围历史文化资源丰富，有白塔寺、历代帝王庙、广济寺、西什库教堂、福佑寺、宣仁庙、清真寺等建筑，以及丰富的演艺文化和故居文化等。这些文化元素的交融为隆福寺街区的改造与更新提供坚实的历史文化底蕴。

本设计所在区域存在公共空间不足的问题，居民缺少活动休闲的区域，同时周边的商业活力不足，人流量较少，而且晚上缺乏夜间娱乐活动，昼夜景观存在断链，导致无法发展夜间经济。

设计区域包括两个主要的广场——木木艺术广场和入口广场。此外还有一系列建筑物，包括木木美术馆、苏苏（SUSU）越南菜、京A精酿餐吧、伯顿（BURTON）综合体验店等，这个复合空间将商业文化与办公空间融为一体。对这个区域进行具体设计，旨在提高公共空间的利用率，增加人们的活动休闲区域，改善商业氛围，并且增加人流量来丰富夜间娱乐活动。

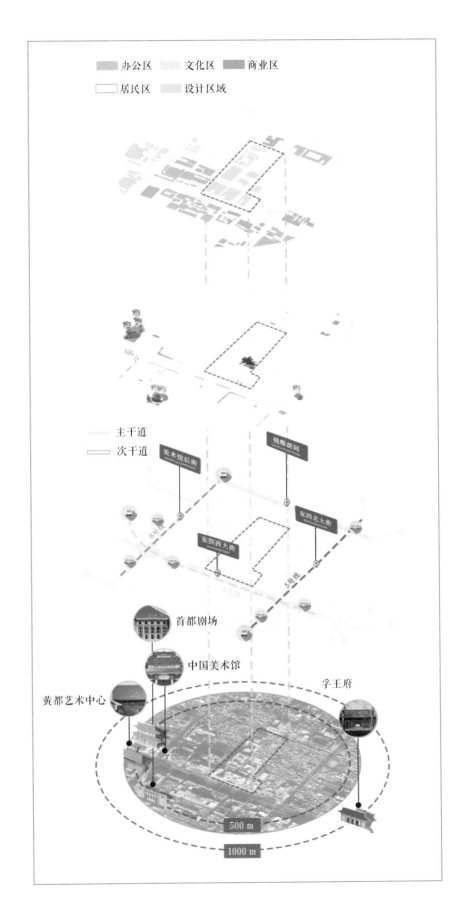

区位爆炸图

设计策略

整个设计区域拥有独特的场地特色和悠久的历史文化，并且还分布着特色的建筑，特别是木木艺术社区的文化艺术展区。基础功能和建筑风格都相对统一，为整个设计提供了良好的设计基础。

在景观层面，打造叙事性景观游线，让游客沉浸在故事情境中以增强体验感。结合周边的文化展区和商业空间，可以进行文化商业宣传活动。夜间，可以加入光影体验提升人流量，增强夜间活力。

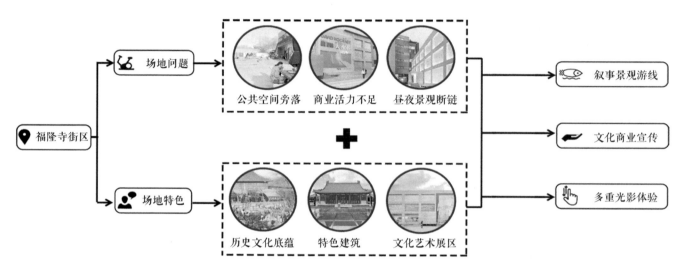

隆福寺街区场地问题与特色

本设计提出又见"桃花源"的叙事性景观主题，分为日间和夜间两个部分。针对日间部分，可以借助明代画家仇英的《桃花源图》进行景物意象的提取，并根据提取出的意象结合实地情况进行功能景观改造。

夜间部分则主要依靠晋代文学家陶渊明的《桃花源记》进行意境提取。利用灯光和数字光影营造出《桃花源记》的意境氛围，打造沉浸式光影体验。

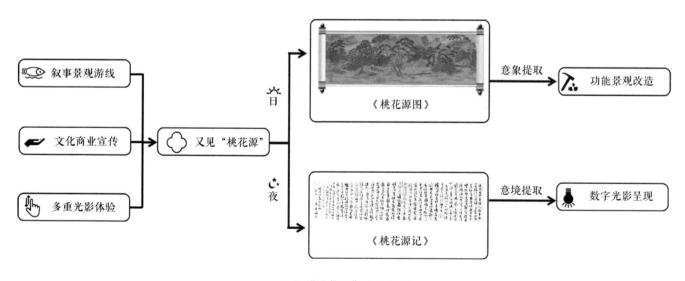

又见"桃花源"主题提取

概念推演

为了更好地满足人们的需求，将整个空间分为四个区域，提取《桃花源图》中的意象，分为"迷失""欲穷""洞天""豁然"四个主题。每一个主题结合匹配的自然因素、景观因素、人群需求推演出最合适的景观设计改造方法。"迷失"主题中，对"缘溪行，忘路之远近。"这句话进行提取。在文字中提取出自然元素溪流，从而将溪流的意象生成曲面的铺装，延长游走动线，加强整体体验，让人流连忘返。

"忽逢桃花林，夹岸数百步"，美好的景象让人想要看尽桃花林的深处，故第二个主题名为"欲穷"。此主题提取桃花的元素设置桃花亭，满足人们休憩的需求。在"洞天"主题中，两侧建筑高，空间压抑。在此设置登山步道，丰富纵向空间层次，营造别有洞天之感。最后，在"豁然"主题中，结合文本中的文字，提取梯田的形态设置下沉式台阶广场，增加视线的通透度，使人豁然开朗。

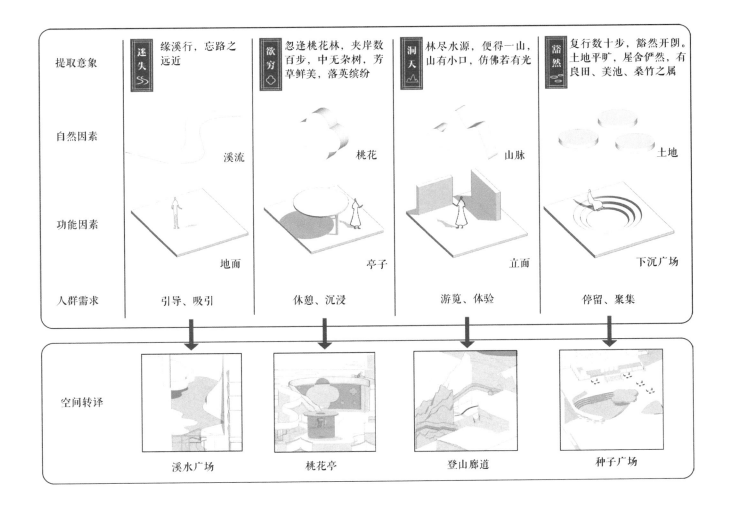

提取意象	迷失 缘溪行，忘路之远近	欲穷 忽逢桃花林，夹岸数百步，中无杂树，芳草鲜美，落英缤纷	洞天 林尽水源，便得一山，山有小口，仿佛若有光	豁然 复行数十步，豁然开朗。土地平旷，屋舍俨然，有良田、美池、桑竹之属
自然因素	溪流	桃花	山脉	土地
功能因素	地面	亭子	立面	下沉广场
人群需求	引导、吸引	休憩、沉浸	游览、体验	停留、聚集
空间转译	溪水广场	桃花亭	登山廊道	种子广场

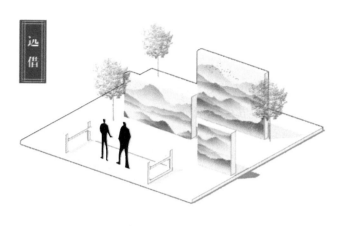

光影借景（远借）

光影借景（邻借）

应用数字光影方式：投影、投光灯、全息投影。

"远借"借助的是远处的物体，通过层层嵌套的"画框"表达物体的"深"以及贯穿而成的通透视线。利用这一原理在有限的空间中营造出更多的层次，达到远借的效果。

应用数字光影方式：互动装置、灯光小品、景观灯。

"邻借"借助的是近处的景物，与人的关系更加密切，可以利用互动装置增强景物与人之间的互动感，更好地带给人们沉浸式体验。

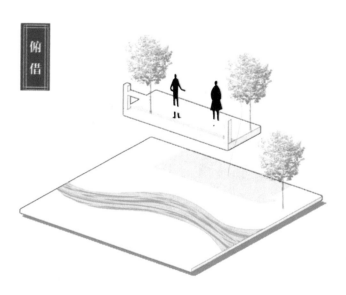

光影借景（俯借）

光影借景（仰借）

应用数字光影方式：投影、激光灯、互动触摸屏。

"俯借"借助的都是从高处向下看到的景物，可以将创意互动屏幕或者投影放在低处，与人们互动，同时可以借助投影在低处造景。

应用数字光影方式：激光灯、光纤灯、创意LED装置。

"仰借"借助的是在上方的景物，如星星、天空等。可以将光纤和创意LED装置悬挂在高处，营造出包围之感，使人更有沉浸式体验的感觉。

场景营造

整个空间采用借景理论下的数字光影布局手法，在各个节点利用数字光影形成借景的关系，使人们可以在狭小封闭的空间中体验自然景象。同时通过借景的方式，在同一个位置享受多重光影体验。借景本身的营造方法和与数字光影结合方法有很大的不同。借景手法是优先参考已有的景物进行意象的营造，而数字光影的呈现方式可以更加方便快捷地造景，产生较好的意境体验。

根据借景理论下的设计策略，对整个空间进行场景营造。在夜晚，提取《桃花源图》中的意象，满足夜晚通行的照明需求。在部分节点设置沉浸式多媒体空间，利用灯光和数字媒体打造沉浸式光影展厅，吸引游客的到来。

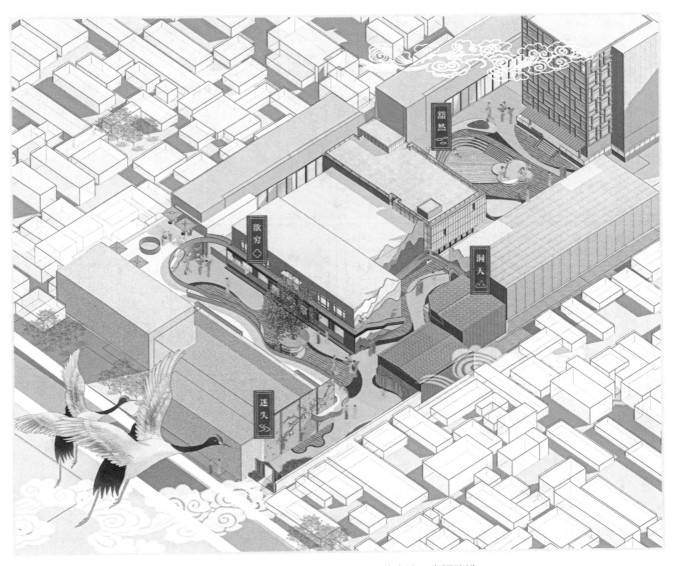

又见"桃花源"——隆福寺木木艺术社区空间改造

廊架下方设置了木平台，游人可以在这里休息观赏。

2

空中廊道下面与下一个节点形成小通道，如同山中小口。

3

洞天

"林尽水源，便得一山，山有小口，仿佛若有光。"

桃花林的尽头是溪水的源头，这里有一座山。在这里借助山的元素将建筑的立面做出群山围绕之感，让人们获得登山般的体验。

1

豁然

我在这附近上班，下班了还能在这里观看演出。

我们在节假日期间会在室外的桃花舞台上举办演出。

走到豁然之境，眼前开阔明亮，与之前洞天的压抑之感截然不同。根据意象，借助一块区域设置为水广场，旱喷给人们增加乐趣。

1

成果

夜景叙事地图

整个空间采用借景理论下的数字光影布局手法，在各个节点利用数字光影形成借景关系。让人们在狭小封闭的空间中能够体验自然的景象，同时还能在同一个位置体验多重的光影效果。

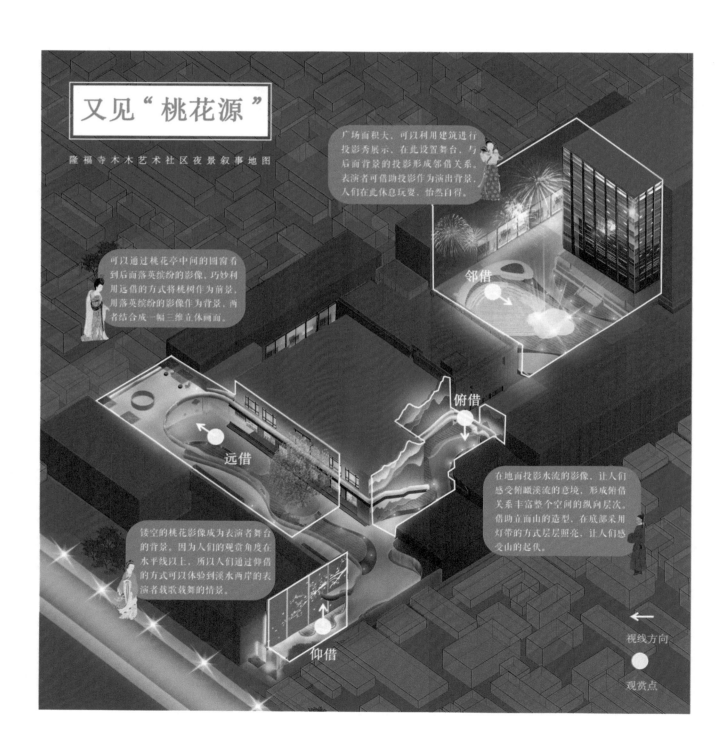

又见"桃花源"

隆福寺木木艺术社区夜景叙事地图

广场面积大，可以利用建筑进行投影秀展示，在此设置舞台，与后面背景的投影形成邻借关系。表演者可借助投影作为演出背景，人们在此休息玩耍，怡然自得。

邻借

可以通过桃花亭中间的回窗看到后面落英缤纷的影像，巧妙利用远借的方式将桃树作为前景，用落英缤纷的影像作为背景，两者结合成一幅三维立体画面。

俯借

远借

在地面投影水流的影像，让人们感受俯瞰溪流的意境，形成俯借关系丰富整个空间的纵向层次。借助立面山的造型，在底部采用灯带的方式层层照亮，让人们感受山的起伏。

镂空的桃花影像成为表演者舞台的背景。因为人们的观赏角度在水平线以上，所以人们通过仰借的方式可以体验到溪水两岸的表演者载歌载舞的情景。

仰借

视线方向

观赏点

景象 I 园林、诗性、栖居与影像

提取溪流的意境，设计出蜿蜒的路面铺装，并且设置高差舞台，演员可以上下呼应，丰富舞台空间维度。

借助镂空版刻出桃花飘落的图案和《桃花源记》的句子，在入口让人们从文字中感知整个项目表达的内容。

采用灯带将光线照射在水纹镜面材质的景墙上，反射出来的水纹光线营造出整个溪水的氛围。

将灯带放置在栏杆下面，保证廊道的夜间照明，同时利用粉色光线渲染整个长廊，使人沉浸于桃花林中。

将桃花林的落英缤纷展现出来，借助墙面的桃花造型形成一个画框，将影像内容框住，与影像形成邻借关系。

廊道下的空间成为游览区域，可以展示艺术品。供人们在桃花林中寻觅和探索。

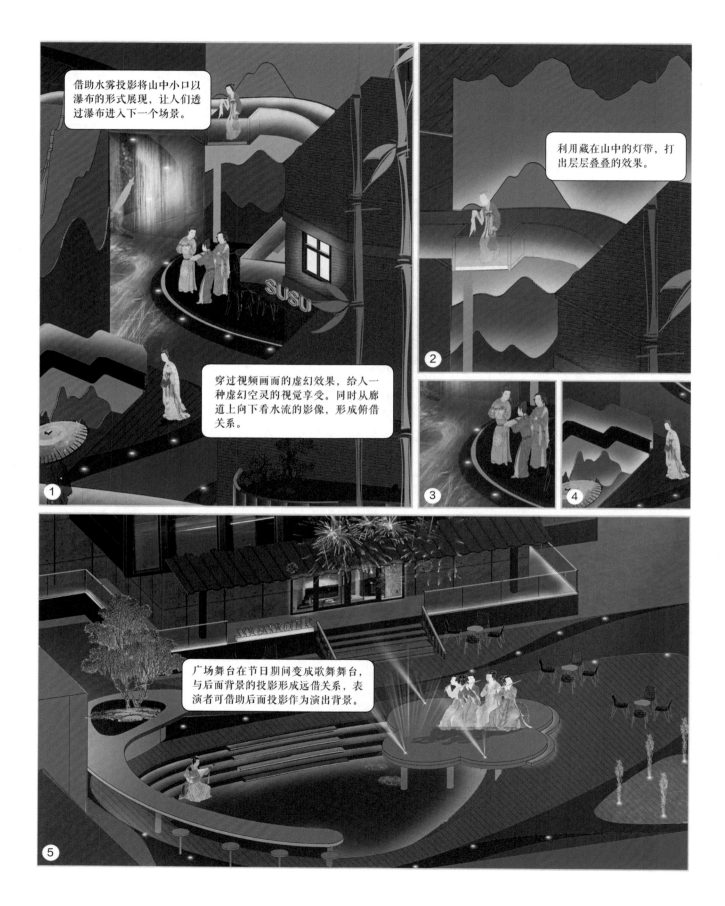

橱窗中的框景
——框景手法于现代商业展示空间 中的应用探究

□ 中国传媒大学　张　颖

"古典性"是指被长久传承并在此过程中形成的社会范围内的共识，是一种具体的、静态的审美机制；"当代性"则强调当下时代所呈现出的品质，带有先进性与一种发展过程中的不确定性。古典性与当代性既相互对立又相互依存，对于当今的设计而言，古典性无疑是为当代性提供了一个基本框架。在多年的发展中，框景手法运用的形式更加多样，"框"与"景"的生成方式也更为灵活。橱窗作为商业空间中需要时常更新图样的展示空间，其内核本身就是一种框景，是一种动感的景、当代的景，"框景"这一手法也因此变得更加生动，兼具更多样的功能性。

对于框景手法在现代商业空间中的应用展开探究，是因为"框景"作为中国古典园林的造园手法在当今衍生出新的载体与表现形式，不仅是"框"的材质、形态、尺度、色彩等发生了变化，"框"与"景"之间也有了新的构成方式。橱窗作为商铺的展示空间，最主要的作用便是引人入胜、展示商品、营造空间氛围，其含义与作用和框景的造景理念不谋而合，可以说，橱窗本身就是一种框景。在橱窗设计中，"框"独立出来，演变为一种展示场所，与框景本身所带有的古典

园林的悠然自得、品味自然的空间气质相结合，削弱橱窗自身的商业性，甚至改变整个商铺的环境氛围。

本设计主要对中国古典园林中的框景手法进行研究并总结其特征与表现手法。结合数字艺术与空间设计，探究出新的设计策略。以木木艺术社区为设计场地，对设计策略进行实践，论证该空间中古典性与当代性的转译关系及设计的意义。

框景的设计起源

《园冶》中说"藉以粉壁为纸，以石为绘也。理者相石皴纹，仿古人笔意，植黄山松柏、古梅、美竹，收之圆窗，宛然镜游也。"框景利用"佳则收之，俗则屏之"的手法，把景象框限在所见范围之内，有意识、有目的地优化组合审美对象，达到纯真、精炼、集中展现景观的目的。在古典园林中，主要是通过"框"来观"景"，人们不是直面景物本身，而是通过"框"来进行构景认知，实现具有自然美、建筑美、意境美的艺术境界。

框景的分类

入口框景

定　　义：入口框景常设置于园林院落空间的入口处，起到连接与引入的作用。以门洞形式框出内景，引人入胜。

特　　点：多采用月形门洞的形式，空间尺度较大，在框景的同时兼顾其作为门的功能。

实　　例：苏州留园的门洞框景，整个门洞为八边形，呈细长状，宛如书画作品中的长卷。

停游关系：停。

流动框景

定　　义：最早见于游船之中，船壁上设扇形窗，在游船行驶过程中便可欣赏到窗外随着行驶而流动变化的景致。

特　　点：框不动，景动。整体氛围是灵活且富于变化的。

实　　例：苏州水乡的游船。

停游关系：停。

镜游框景

定　　义：镜游框景是由各个窗户框起来的景，是古典园林中最常见的框景形式。

特　　点：镜游框景由于体量小、设置灵活，因而常见于古典园林空间中的各处，不论是建筑还是亭廊，都可欣赏这一形式。

实　　例：多见于古典园林中的各处廊道。

停游关系：游。

框景

模糊框景

定　　义：模糊框景又称漏窗，它是在窗内装有各式窗格或由砖瓦拼成各式窗格，又或是由砖瓦模糊框景拼成的各式图案。

特　　点：使窗外的风景依稀可见，具有一种似实而虚、似虚而实的模糊美。同时漏窗本身也有一定的审美价值。

实　　例：苏州拙政园的鸳鸯馆，运用彩色漏窗营造出特殊的空间氛围。

停游关系：游。

端头框景

定　　义：常设置于空间的尽头，包括建筑、廊道、园中院落等，在展示景象的同时对游览的过程起到位置提示作用。

特　　点：与入口框景相对应，两者分别起到起始与终点的位置提示作用。

实　　例：苏州留园的东南一角。

停游关系：停。

备　　注：框景类型与所处空间场所的对应关系，入口框景、流动框景、端头框景，常设置于墙亭轩榭，框景效果较为固定，框尺寸较大，停游关系为"停"；模糊框景、镜游框景，常设置于路与廊之中，框景效果灵活多变，且框尺寸较小，停游关系为"游"。

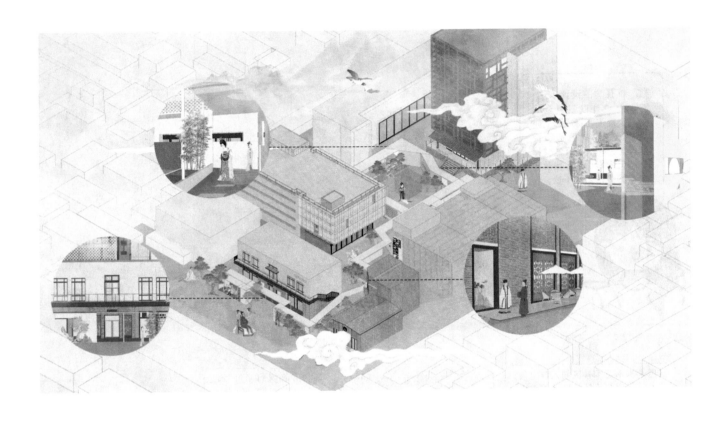

设计概念说明

整体设计分为三个部分：橱窗设计、广场空间设计、广场灯光设计。分别对应：幻园造境、草间逍遥、光影世间。以"框景"作为设计手法，将三个空间以"造境记"作为总体概念进行串联，在这三个部分中，框景将以不同的表现形式出现，并承担着不同的功能。进入艺术社区，就仿佛来到一个超脱现实的幻境园林，可以在游走与体验中怡然自乐。

124

以"框景"的设计手法，将橱窗设计以幻园造境的形式展现，将广场空间设计赋予草间逍遥的设计理念，将广场灯光设计打造为光影世间，使游客漫步其中，乐此不疲。

这里是木木艺术社区的入口空间，美术馆前侧的广场是设计的重点。

美术馆前侧的廊道景墙，可作为外部展览区使用。

廊道作为慢行游走的体验空间，通过采用不同的框景形式，将传统园林的精神体验引入空间序列。

此处廊道连接了众创空间（WEWORK）办公区，从店铺功能性出发，采用屏风的意象设置景观小品来分隔空间，形成一个外部办公区。

广场中的游乐装置，白天和夜晚会带来不同的体验感受。

因为此设计是通过光影和数字媒体来打造一处现代园林，这更像是一个虚幻的、带有戏剧性的场域，所以通过框景的手段来形成一个片段式的剧场构筑。

通过廊道中不同的框景形式，观赏到不同的风景。

根据社区中不同商铺的分布位置及各自的功能，将其划分为四个空间，分别是：思考空间、创作空间、分享空间、等候空间。随着游客们进入"幻园"的过程中，其角色被不断转换，从而变成一次次不同体验的空间游历。进入思考空间变为"伏案思考的主人"，进入分享空间成为"园林的游客"，来到等候空间成为"被邀请的客人"，又或者在中心广场进行创作，变为这个现代园林的"造园者"。这四个空间被廊道所连接，而这个整体的空间体系也不断引导着故事的发展。

以美术馆入口处门墙为画框的景观小品，配景会根据展览主题进行更新。

框景廊道，夜间加之彩色灯光变为灯光廊道。

餐厅前通过框景的形式为人们提供一个或连续或独立的等候空间，供人们在此等位。

思考空间、创作空间、分享空间、等候空间，四个空间的排布依次由静到动，由封闭到开放，与廊道空间一起构成整个艺术社区的空间序列。

因为框景本身按照其所处空间位置的不同，可以分为不同的类型（包括入口框景、流动框景、镜游框景、模糊框景、端头框景），所以以游园体验为基础，设置多个灯光节点，以园林空间意象为参考，打造起承转合、层层递进的空间序列。不同的空间对应不同的框景形式，从而对整个场地进行串联。而后将园林中不同场地的功能内涵与各个橱窗的品牌进行结合，对橱窗或框景的内容进行设计。

中心广场在夜晚时将变为一个灯光游乐场。

木木美术馆为封闭式橱窗，对应了"停"的场所意象；同时由于此处是社区的北侧入口，所以应用"入口框景"的设计形式，取"月洞门墙"之意象。橱窗内容与美术馆当下的展览主题相结合，并加之数字媒体影像技术进行丰富再创作。

廊道景墙在夜晚时可根据展览主题实现投影和多媒体互动，可看可玩。

众创空间（WEWORK）为封闭式橱窗，对应"停"的场所意象，在社区中供人们工作和学习之用。按其功能取"阁"之意象，用投影的方式在橱窗中模仿阁楼的窗框形式，提高观赏性。

人们可通过在发光墙面上涂鸦来进行互动，这里就像一个创作剧场，每个人都是"造园者"。

130

以廊道贯通整个社区，在夜晚时连接各个灯光节点。廊道在灯光的作用下，为游客营造出与白天截然不同的空间体验。

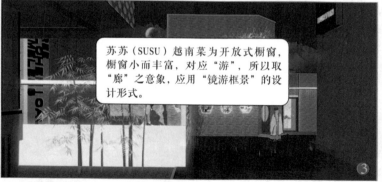

苏苏（SUSU）越南菜为开放式橱窗，橱窗小而丰富，对应"游"，所以取"廊"之意象，应用"镜游框景"的设计形式。

透过一个个可变换内容的不同形态的窗框装置，向游客们展示苏苏（SUSU）越南菜的品牌文化。

京A精酿餐吧为半开放式橱窗，对应"停"的场所意象，在社区里的功能是饮酒会友。

户外休闲空间取园林中"厅"之意象，借鉴苏州拙政园的鸳鸯厅，应用"模糊框景"的设计形式。

景象Ⅰ　园林、诗性、栖居与影像

伯顿（BURTON）综合体验店为封闭式橱窗，对应"停"，同时此处为社区动线的终点位置，所以应用"端头框景"的设计形式。

发光的框景廊道。

玻璃砖堆砌成的景墙，夜晚时可透出墙外的植物和灯光，营造出独特的园林氛围。

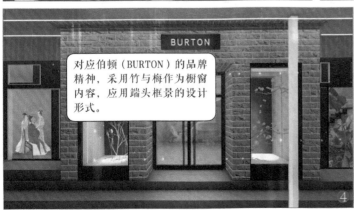

对应伯顿（BURTON）的品牌精神，采用竹与梅作为橱窗内容，应用端头框景的设计形式。

对应伯顿（BURTON）的商品内容，在廊道端头设置展示空间，将园林场景与展示货品结合进行景物组合，成为一个外部橱窗。

中国古典园林于当代设计之古典性研究

主持　人：崔　柳

评审专家：董　璁　｜　唐克扬　｜　罗宇杰

指导教师：崔　柳　｜　吴祥艳　｜　胡一可　｜　曹凯中　｜　魏　方

崔　柳

开始今天的流程之前，首先简短地介绍一下"中国古典园林于当代设计之古典性研究"这个题目的来源和意义。题目中有两个"古典"，第一个"中国古典园林"是一个专有名词；第二个"古典性"是借取建筑学中的称谓，建筑学中所强调的古典性是"倾向于回归到过去的经典传统价值观、美学标准和创作方法"。在这里我们择取的是"创作方法"，是以中国传统园林空间的组织方式为设计路径，并以之作为在当代语境中探索空间的一种思考策略、营建方法。

我们选取了四个主题词：园林、诗性、栖居和影像。在前三个古典语汇之外加入"影像"，是期待伴随影像技术的发展，可以为大家的空间场景提供更便携的记录、分享与更真实的感知体验。所以我们联合了不同的学校与专业，来尝试一种新的解读或设计方式，作为语汇上的，或者手法上的补充。

至于我们为什么选了北京隆福寺这样一个场地，这的确是有点个人化的选择，也可能是1980年后出生的我们的一个时代记忆。2000年上大学的时候，隆福寺一带还有很多

烟火景象，胡同里的特色小吃、不算精美的工艺品、美术馆的衍生手作艺术品，以及周边美术商店的画具、画材，还有只有这里可以买到的法国阿诗（Arches）水彩纸，它带给我们很多那个时期独有的回忆。

但是之后的这些年，我却很少再去隆福寺，它在新城与旧城之间，被不停地定义和再定义。就空间的园林性而言，这个场地有狭长的皇城根遗址公园作为背景，我们可操作的公共空间界面会大一些；同时场地还有智珠寺、木木艺术社区等新旧碰撞的场地。而且它又是一个文化节点，在故宫旁边林林总总的文化节点中，它并不突出，这些年也没有太多宣传，研究的人也比较少。所以，我们便在这个区域对标一个公共空间的界面，开始了这样一个毕业主题设计。

"异托邦（Heterotopia）"这个概念的获得也非常巧合，源于同济大学童明老师被《乌有园》收录的一篇文章《作为异托邦的江南园林》。在古典性的设计范畴里，我们很容易获得一个稳定的、持久的、普适的和超越时代限制的共识。但是当代设计领域有一个

"设计的大背景"，就是我们需要讨论"时空"而非仅此"空间"，因为空间效能的提升，空间通过时间的挤压，更容易让人们感受到"时空"的变化，也就是生活的节奏。空间被不断地压缩，人的感知被剪碎，这是时代的困境。设计者需要用明确的设计形态去回应时代困境所致的城市空间的"异化"情境。这两点实际上是冲突的。我们可能并没有一个足够合适的词，包括用"异托邦"来解释当下人与人、人与城市、人与社会秩序之间的关联与矛盾。

20世纪60年代"异托邦"这个概念刚被提出的时候，并没有处于现在这么强大的技术革新背景下。法国哲学家福柯以异托邦作为一种实践性的行动，力求挣脱现实生活中一般的空间秩序、时间秩序，从而可以重构社会秩序与现世中的权利秩序，实现个体和群体的自主性以及社会机制的变革。福柯也提到过剧院、医院、监狱等各式各样空间里概念定制的状态，人们可以在很多场地里体会更加注重于个人部分的感受。但是我们发现，现在的设计趋势更倾向于宏大的空间叙事，要数据化、更客观地去丈量，或者在更大的尺度上进行设计研究。

然而在某些设计中，我们是不是仍需要对个人有所关注？我们每个人都有自我的困境，隐秘且来势汹汹，在这样的一个"异托邦"里，通过技术，我们完全可以被"定制"在这种矛盾的空间里。在这里，快和慢是共存的，迭代和滞留、群体和自我、共享和隐私，所有这些矛盾的概念好像都是我们个人的一部分，甚至我们也没有办法脱离这种所谓"异化"的部分，并且要带着这样的一部分状态前行。

可能中国古典园林里的某些特质有一定的疗愈性，所以我们提出了这样一个议题——对当代设计的客观性机制进行思考，同时也希望找到能够描述中国人当下生活空间困境的语汇。我将它理解为中国的古典性，所以把"中国古典园林"放在了前面。

中国古典园林的意义在于体验，它是中国人特有的空间理解路径。它是一种我们独有的文化基因，一种个体成长中浑然自觉的美学智识。从实用角度来讲，此篇所论述的空间"古典性"，是我们生活中可以获取滋养和疗愈的空间形态。我们希望有这样一个词、一个研究，或者一个设计探索，来诠释当下中国城市化进程中个体与群体的生存状态。那是不是可以在当前的客观条件下，植入国人理解一个特殊场景的主观路径呢？我们由此提出了整个设计的"原型"，但在实际执行的过程中，每一个团队都有自己的想法，各自超越了最初的框架。

那么原型研究呢？我们希望找到一个比较经典的古典园林作为原型，进行结构性、拓扑性、空间关系性的探索，并植入我们当下的环境或困境里面，称其为当下的"异托邦"。待选定好设计场地之后，再完成这种当代性设计中的古典性空间研究或者设计思考，大概是这样的逻辑。

我们在初期查阅了很多资料，其中南京大学鲁安东老师的"空间关系周期表"给了我很多触动，他的构思非常精致，绝大多数的空间描述都是由技术引导的，且更注重思维性，或者说更注重技术性营造的一种空间分类模式。人所在的空间实体的在场性正变得微弱，类似此种原理性的空间类型分析对于解析当下具有很强的时代意义。因为流量、资本的侵袭一定会影响当下主流的设计走向，以及人的理解方式。对于古典园林，每一个时代都会有适应那个时代的解读，我们现在可能就要用一种技术性的，或者被异化的背景，去理解古典园林的意义。在当下的学术背景下，很多时候我们不得不借用西方的概念去描述研究对象，这次研究可能会是一种能够让我们找到一个适合中国本土的空间描述类型的路径。

所以在最后，我们在"原型"和"异托邦"之外，找到了"叙事性、游走和空间推演"这三点。关于什么是叙事性，古典园林肯定具备这一特质，但是随着技术的发展，我们可以用新的方式，比如用影像去记录空间。事实上，我们需要借助游走的方式去展开古典园林空间的时间过程，人的空间行为是中国古典园林空间完成的最后一环。缺少人的行为，古典园林是无法成立的，这三点也是一种降低路径依赖的设计方式。我们还面临另一个问题，就是更大尺度的公共空间是否仍具有可推演性，或者说，空间推演能不能解决我们当下设计的基本问题，这个题目也很大，值得深入研究。

北京林业大学

诗性的回归
——基于古典园林当代性转译与未来诗意栖居的城市绿色空间更新设计

学　　生：班馨月
指导教师：魏　方

董　璁

我觉得这个题目可以做很多发挥，可能带队老师和团队中的每位同学对此都有不同的理解，这样至少可以保证题目的开放性，是件好事。班馨月同学的作品，作为毕业设计，在完成度、图面和幻灯片的视觉质量方面都非常好。说起隆福寺，也把我的一些回忆勾了起来。大概20年前，我经常去这个地方，那时要买美术用品，还有一些古籍类的书，需要经常去美术馆，不远处就是隆福寺街。我对隆福寺街的印象还停留在20多年前，后来就再没去过了。那时的隆福寺街人气很高，有一点拥挤，街道就是胡同，建筑有点参差不齐，处于自发形成的状态。隆福大厦有过一次改造，加了一个大牌楼，那个地方我反而印象不是很好。但是隆福大厦两侧的小街里有服装店、小吃店等各种小店，特别是有一家很好的旧书店。再往东走一点就到了东四，街道会宽一些，等级相对于隆福寺街稍微高一点。我对这个地方一直保持着很好的印象，但年头久远，对它目前的情况不太清楚。

我觉得这片场地设计的切入点有两个：

一个是动线方面，另一个是从大到小的几个小空间的处理，属于公园设计规范里小游园性质的场地。美术馆东侧原来有一块小绿地，里面有一些坐凳，还有个林荫广场，绿化覆盖率、郁闭度都挺好，人们喜欢在这里很轻松惬意地消磨时光。对于其他绿地，特别是靠近东四路口的绿地，我没有任何印象，不知道是不是新开发的。对于中小型的绿地空间，我觉得做得挺好。还有一个就是"针灸式"的更新，选择了一些胡同的拐角和三角地。整个毕业设计工作量非常饱满，完成度很好。至于策略，我会质疑"提炼"本身这件事情。有些东西如果你强行去提炼它，会不会顾此失彼？会不会让你的理解流于一种片面化的层次？因为古代的东西，园林也好，城市空间也好，它是一个非常复杂的系统。然后我们每个人就像"瞎子摸象"一样只摸到了一条尾巴或是一条腿。所以，如果你过分信赖你的提炼，把提炼出来的两个概念，作为金科玉律贯彻到所有的点位，那么这件事情本身是存在很大风险的。

但是我们现在面临一个困境，就是要在很短的时间内，由一两个人来处理这么庞大的一个对象。而我们每个人的工具以及理解都很局限，所以这本身就很可疑，也是很危险的一件事情，但跟每一个人的设计都无关，你该怎么做还是得怎么做。因为现在城市空间的生产方式已经跟过去不一样了，它就是一个短期的、一次性的行为，不再是一个复合作用力的结果。无奈的同时，也应该保持一定的警惕性。

罗宇杰

这位同学做了很多工作，非常全面。题目所在的隆福寺街区，我之前工作会经过这里，也常去买一些画材，甚至一些只有在那里才能买到的模型材料。一谈到古典园林，我们就会想到南方私家园林，因为它的影响力足够大，能查到的研究资料有很多，我平时虽不会主动研究园林，但只要去苏州，都会尽量抽出时间去看看园林，也包括园林之外的老城。但我所生活和工作的地方是北京，是基于北方气候和文化状态下的空间。那么反过来思考，我们谈论中国古典园林，一定要把空间心理上的状态放到南方园林上面吗？或者说北方园林又有哪些东西值得我们探究？因为无论这次的四校还是课题场地，都是北方的空间，人在北方园林的感受和在苏州园林的感受应该是完全不一样的，这是要去思考的地方。在既有资料的前提之下，如何探究关于此方空间的可能，如遮罩、游墙这些东西来自哪儿，是来自古典园林中的什么地方或者什么空间？我觉得肯定要有个来头，这需要思考一下。此外，中国古典园林在当代设计中的古典性，我觉得重要的是我们为什么要回到古典园林去研究当代设计。我们提"古典园林"这个词，这个空间的来由是什么？事实上古典园林在当时属于相对安逸、经济基本自由的人主动营造的一种东方体验、一种东方精神，或者是一种很舒适的休憩栖居状态，它是因为放松而产生的。

班馨月同学研究了"人"，实际上在这样一个街区里，大量的空间是城市化的、功能性的，是非安逸状态的。当然我们不能说人在功能性当中就可以忽略安逸这个词，但是我觉得这两者之间有一定的冲突。

中国古典园林于当代设计的古典性，我觉得需要探讨的有两个方面：一方面是空间地域的南北；另一方面是时间，一个更长跨度的时间维度——古代与现在。我们在做一个城市的公共空间或者园林性的街巷空间，并不是做一个公园，这时候要反思，我们追寻的是古典园林当中的什么特质？这很重要，因为我们说中国古典园林好，它产生在安逸的状态中，它就是要曲折迂回。但这样一个区域里有些流线，比方说胡同，它就是要人快速过去，是通过性的，我们不能把它照搬进去。我们提炼的正是这样的矛盾性。我们在这样一种状态当中，还怎么保持东方性？还怎么保持这种园林感？又如何融入当下的生活中？我们做设计，景观是直接做一些绿化，做一些墙布，做一些东西就结束了吗？结合刚才我说的那两个方面，正好班馨月同学落到这张图上了，遮罩、游墙的提炼，它的来和去、它的功能、它的古典性、它的园林感，它怎么跟现在这个地方的人发生紧密的契合，都值得思考。

那么再回到隆福寺，我在北京也待了差不多20年了，因为总会路过，能感觉到皇城根特有的气质。从平安大街一直走到朝阳门内大街，就会顺着老的墙体一直走过，那些东西会给人触动。它就像故宫里面的城墙，或者前门的长墙，但是没有那么高，它实际上又是被人为打断了的，旁边还有胡同。这里有太多线索可以挖掘，比如人在这个空间场域中的动线关系、交通便利性。毕竟我们在城市公共空间里做场地，不应该只是做简单的景观，而要处理好场地和人的关系。

胡一可

这一版方案我也挺欣赏的，但逻辑链条应该再说得明确一点。你的空间原型以什么样的方式来解决问题？遮罩与游墙，是基于什么提出的，在表达的时候没太讲清楚。虽然我知道其实你已经做了很多工作，但是一个来自空间和场地本身，另外一个来自需求，这两者加起来，是有一些问题要解决的。当今我们的手段存在一定局限性，所以要向古典园林或者传统园林寻求帮助，然后这些园林到底能给我们提供什么样的途径来解决这个问题呢？我特别欣赏董璁老师说的"集体无意识"。我们刚开始的时候也讨论过，它是一种不停迭代的、复杂的、含义非常丰富的体系。我们当时非常冲动地做这件事，是想着总要有人做一些探索，可能会涉及很多问题，比如说转译，分为从古到今的转译和跨领域的转译，还有从绘画到空间，该怎样去选取片段呢？他们做的这些尝试现在很难说对错，我们希望大家多尝试一下，也算是抛砖引玉，未来可能有更好的发展。

织绿记
——基于传统园林当代性转译的亲自然绿色空间更新设计

学　　生：邱思嘉
指导教师：魏　方

唐克扬

我觉得这个话题确实比较难，因为大部分毕业设计可能只是一个技术问题，但是这个话题是一个语境的问题。比如园林和当代城市空间结合，是否一定能实现，可能不同人有不同的看法，这就需要花很多时间来讨论语境的问题。

可能很多学生都面临这样两个问题：一个是做图纸时面临的设计问题，一个是设计图将来实现时存在的问题。这两个问题在我看来其实是同一个问题，比如你会在当地找什么样的技术人员去实现这个具有中国园林意趣的空间？你要用什么样的图纸和对方沟通交流？同时，你的设计还得有一定的理念高度。我发现，现在很多当代建筑师太关心怎么用画面来表达自己的设计，为了技术层面的沟通，他的意念肯定不是纯粹的。他要让这个假设的使用者——我们经常说的观者，能够用古代人打量园林的方法去打量这个设计。其中很多图纸，在风格气质上是很近似于古代的，我们园林专业很多学生画图时都愿意这么做。但是图纸是不是从建筑学的视角来看？是不是符合园林的内在呢？我觉得这是一个值得讨论的话题。换句话说，我们

现在要关注的可能是气质、风格的问题。我们看古典绘画的时候，如果只看意象本身，比如说《千里江山图》，那么就只是一幅画卷，本身不是很大，是在咫尺之间看到千里江山，我看到有些画面很显然受到了当代人对古典文化新认识的影响，颜色做得都很棒。

还有一个问题是，图纸只是一种抽象的表达，主要为了说明或解释，但假如这样的图纸可以落实，那么从图纸表达到真实空间，会不会还有某种偏差？工人或技术人员怎么把这样的设计翻译成现代技术可以实现的城市空间？隆福寺是一处有点市井气息的城市空间，倘若在这里打造一个园林，那它有没有这样的潜力？有没有这样的先例？如果有的话，应该怎么从表达形式、实现手段上跟它产生联系？可能是正向的，也可能是负向的。我觉得，这种设计可能从表现形式本身就已经开始了，而不是说把它分成了五个部分，每个部分跟其他部分都是分开的，一部分负责表现，另外一部分负责实现。如果是一体化的设计，会更理想，或者说更有理论深度。

崔 柳

现在图纸的表现方式和实际落成的方式，园林无意识、无方向感的这种状态，和实质上的空间体验可能会有些偏差。其实我们开篇的时候就在想这个问题。古典园林的空间组织方式，本身就不是建筑学意义上的组织方式。我们就想着大胆"造次"一下，不用那种方式去组织空间。而是用另外的一种园林空间的方式去组织它，比如没有方向性、没有消失点。它可能不契合我们已知的建筑或城市空间的氛围，但是如果可以进入，那么就会呈现不一样的空间氛围。这种空间可能处于比较撕裂的状态，因为它没有在建筑或者城市的秩序下去完成它自己，而是独立于这个体系外的一个空间，是人对环境的心理投射，是内向性的城市部分。我们的初衷是这样，但实践起来是非常难的。所以唐克扬老师说的很多手法，建筑学借用园林来表达一个无方向感的内向性的部分，它只是一个表征性的东西。但实际上，古典园林的空间组织方式和建筑学是不一样的。

唐克扬

我想说明一件事情。我说的建筑学不是指跟园林对立的建筑学的范畴，而是说，我们园林景观画图的方式，比如说轴测图、正立面图、剖面图，它还是建筑学的基本术语。我们是先要寻求一个共同的基础来开始，然后在这个共同性里找差异性，还是说一开始我们就抛出一个差异性的东西，让每个人都抒发独立的主张，这样的话，最后大家互相之间会不会产生不了互相翻译的可能性？这是思路上的差异，不见得每个人都是一个思路。

董 璁

在我看来，这个设计至少在视觉上更像是在一个古典的环境中植入了当代的设计。隆福寺街区紧邻皇城根，是北京最核心的地区。不管这一两百年当中的变化有多大，包括中国美术馆的介入，它还是一种以古代营城形成的基底，一个古典的环境。邱思嘉同学试图从苏州园林或者其他园林中提炼出几个古典的概念，然后置入一个你们所理解的隆福寺周边的当代环境，这好像有点吊诡。这组课题的英文标题里有"embedded"，就是植入或者嵌入、镶嵌的意思，透露出我们现代人很难规避的问题，一个是古典性，一个是现代性。

前些年流行"古典园林中的现代性"，

就是试图从古典园林中发现一些跟现在相通的、永恒的、不随着时间变化而变化的东西。现在好像又颠倒过来了，要在当代设计中融入一种古典性的问题，这好像是两个不同的问题。我觉得把这两个主题，或者关键词放在一起来看，可以激发出很多思想的火花。我的建议还是跟上一位同学班馨月一样，把它当作一种习作，作为学校教育中的一种练习题。在学校这样做是没有问题的，但是本科生马上面临着参加工作进入社会，到了现实社会中，要特别注意避免一种理解上的简单化，避免用太简单的思维看待事物。因为我们在学校里面都是做"假题"，是一些纸上的东西，而且迫切需要有一个概念来引领，如果离开那个概念，我们就很难做东西了。现实世界当中的东西可能是有弱力作用的，它没有一两个主导的概念，没有一个强力决定的东西。我们在学校里面做习题肯定会把它简单化，作为专业训练来说没有任何问题，而且我觉得两位同学的作品已经达到了很高的水平。但是到了现实世界当中，如果还不假思索地把学校练习的内容带入实际的项目中去的话，那么就可能会有些问题。好在两位同学做的东西都不是需要"掀桌子"完全推倒重来的东西，而是一些微观的点，即使是面也都是很小的面状干预，这影响不大。

罗宇杰

我觉得邱思嘉同学的文稿和讲述很连贯，她讲了这个设计从哪里来，以及场地现在的样子，提取了好几个地方怎么去用，讲的时候也都很切实，这是这个学生特别可取的地方。然后接着刚才董璁老师说的是否"掀桌子"这个事儿，我觉得这个题目是做古典园林，或者思考古典园林与当下的设计，探讨我们应该去保持一种什么样的角度或者状态，去介入当下设计。其实不怕同学"掀桌子"，哪怕再狠一点儿也没关系，做设计一定要深刻，而不是特别。不要蜻蜓点水一样去做这件事情。哪怕我们做了看上去很反叛的一件事情，但如果让人觉得它接近一种真相本身，那就是值得的。作品中的有些图纸都不亚于现在实际做项目的设计者了，但这是否真的是一个特别好的状态？我认为还是要深入思考如何抽象、极简地去接近真正的古典园林精神。我们只有对现实有批判，设计才能做得更好一些。所以对比两位的设计作品，班馨月同学的关注点聚焦在一件事上，当然她也可以像董老师说的那样，还要再大胆一些、再连续一些；邱思嘉同学讲了一个很好的故事，但这个故事的呈现还是更多停留在表面，我相信她有去理解古典园林内核的能力，只是可能需要一些时间。在本科阶段不可能苛求一个学生特别全面，但去挖掘、去寻找那个抽象的内核，而不是表面的符号，是很重要的。

胡一可

关于画卷的体验感，中国园林给了我们非常好的参考，比如空间路径，它的含义非常多，不仅仅是视觉景观层面，它的多视点变化、平行空间等都有体验上的复合性。首先，这个设计有28个点位，都在逐点阐述。我个人更希望你通过借鉴古典园林的体验感，从画卷是如何展开的角度，以视觉景观体验为引导来做，哪怕是相对比较浅薄的都没有关系，所以这个线性空间应该把它拿出来。其次，我认为设计目标性可以更强一点，怎么算空间品质比较高，怎么算空间品质不足，可能还需要一个相对明确的界定。我们要给它一个定义，并对这个定义进行相应的阐述，可以通过图解的方式来做。就是说可以对这个空间进行"before-after"这种比较。同时你想植入什么？创造什么？调整什么？总体上以"针灸式"的方式来做，最终是要达成某种目标。这个目标肯定要结合现状条件，要满足一些新的需求，甚至它可以动态地满足不同需求。说到动态，就会涉及第三个问题。方案中提到了智慧，我们也讨论过智慧，其实它有机会辅助你设计，能够让这个设计流程更顺畅，可以帮助你后期的维护运营管理，形成一种机制，当然也会帮助你做一些动态的景观、交互的景观等。智慧不仅附着在设计上，它还会驱动你的设计，也会极大地影响最终的设计成果。最后，我们怎样用以前的用语来诠释当今的事，而词语的运用是有句法结构的，句法结构是在一个整体语境下开展的。

中央美术学院

隆福穿越计划——场地缝合与历史回应　　学生：王琨禹

记忆共感——中国古典园林与当代设计的古典性研究　　学生：熊菀婷

指导教师：吴祥艳

唐克扬

我觉得这两位同学设计作品的共性问题与上一组的班馨月和邱思嘉相比，可能是离我们一般认为的园林方向稍微远一点儿。她们的前期分析也好，提出的商业方案也好，更多地考虑现存基地的状况与问题。所以我建议，也许可能在它们不同的要素层面，譬如研究中的关键词，怎么把这些关键词拼凑成一个完整的题目，是否还有一些可以去探讨的部分。设计中的木木美术馆、隆福寺与园林之间，它们本质的联系又是什么呢？

从理论方面探讨题目，有没有可能让隆福寺去救活园林，或者让园林去救活隆福寺呢？刚才董璨老师提到过这个问题，在传统文化里是不是有过这样的先例？假如一座寺庙，它要提供类似今天公共美术馆那样的功能，它既是一个园林，同时还有一些商业的动机，这样的语境是不是存在过的呢？或者说世俗生活能把它"捏"在一起是最值得去

努力的方向。王琨禹同学，她做的展出形式有一些构造手法，比如说粉红色的框架，挺像是木木艺术社区的风格，但我们有没有可能把它"捏"得更紧一点儿？木木美术馆的这种语境逻辑，跟隆福寺与园林之间到底有没有可能成为一个逻辑的整体？

此外，两组的成果也有一个共性问题，就是你们没有从历史中去找证据。不是说抽象的、书面的历史，而是老北京民俗里的风土人情。我很期待下面有人提到类似的问题，就像老北京的庙会、一些公共活动和开放空间，它是不是存在着与今天不完全一样，但又有些类似的情况？大家不要去构造多个场景，试试看一个场景能不能把这些事情都照顾到，当然几位同学做得都挺有意思，这个题目本身有一定难度，能做成这样也挺好，而且新旧参半，不完全拘泥于某一种视角。

崔　柳

这是一个矛盾性很强的题目，试图解释当代性中的古典性。刚才董璨老师也说过曾有一段时期的设计思潮是在现代性中去找古

典性，可以借鉴参考。这确实是一个宏大且深涩的题目，我们也是处在一个比较辩证的、相当矛盾的状态。

唐克扬

不好意思，我再补充一句。有时候我的想法是被您催生出来的，刚才董璁老师说的时候我也在想这个事情。它貌似是把两个词的顺序换了一下，古典中的现代、现代中的古典，像文字游戏一样，但我觉得其实有必要辨析一下"古典"这个词，我写过的一篇文章里谈过这个话题，上一个研究课题叫作古典的视觉风格，它是指插图本身有绿水青山、有拼贴，像古典绘画一样，这是一种意义上的古典，就是看上去像古典；还有一种是它实际上要通过复原，要恢复到近似原状才是真正的古典，很多考古项目存在这个问题；另外就是"经典"这个词，在英文中也有古典的意思。我觉得三个方向都可以考虑，但需要辨析一下三种不同的"古典"的定义。

崔　柳

谢谢唐克扬老师，我明白您的意思。我们今天讨论的是"中国古典园林"，给它这样的一个论述前提就是怕有歧义。但是如果我们不用"古典性"这个词语，好像又没有其他的词能表达我们想说的事情。读者或者听众会有疑问，我们究竟在说什么、做什么。包括我们提到福柯的"异托邦"概念，这种撕裂、定制、凌乱的状态，好像在中国现在的学术语境里面，也找不到更好的词来形容。但实际上它准确吗？可能并不完全，这也是我们开放性命题的一个点，它肯定会引起很多人的疑问，但这就是我们想达到的效果。

罗宇杰

我也是中央美术学院毕业的，但我是建筑专业。我觉得这两名同学对于功能的探讨还是很翔实的，这很有必要，因为我们还是要回到当下和当代。我们研究"古"，并不代表要去做一个"古"，或者说不是直接拿传统的东西来用到现在。我也特别同意唐老师说的，还是应该去建立更多联系，如果仅仅提取符号或者简单的外观表达的话，那不应该是古典园林该重点传承的东西。

就像王琨禹同学选择的是古典园林里一个比较显形或者显像的特征，就是有重叠、有窗格，有些局部甚至有彩色玻璃的细节。但是当你去放大这个现象，并将其直接用在当下空间中时就会发现有问题。那些点可能并不是古典园林造园的第一出发点，只是他们造园手法中被你看到的现象，再自己去解释或者强化的东西。它可能有一摊水，但这一摊水的功能不完全是映射或者带来更好的光线。传统建筑里面有光就会有相对暗的地方，会有廊空间等灰空间。光的部分其实包含了一些很东方的精神体验，如果把它放到那样的角度去说，会让问题变得更多。我觉得这是王琨禹同学需要再思考的。

然后是熊菀婷同学，前面的工作我觉得

做得都挺好，就是后面对于廊的提取，以及廊在设计里的运用，我跟唐克扬老师的感觉比较像，它更像木木美术馆需要做的事。但是前面那个方形廊的围合，我觉得还是不错的。

总体来说，如何把你的设计与传统园林中一些相对深层次的东西建立更多联系，我觉得可能是值得进一步思考的地方。回到胡一可老师最开始说的那样，还是让同学们自己去找对什么东西感兴趣，或者用一些能在体验上让人有所触动的东西，这可能也是课题本身很深刻的立意。设计最终还是要为当下所用，要解决人在里面活动的问题。

崔柳

谢谢罗宇杰老师。您说的这个廊，其实我刚才也挺关注的，但以我的理解，因为毕业设计期间同学们也在交流，我们在想是不是有这种可能，古典园林里面肯定不是碎片性的一个廊、一个台、一个阁或一片水面，它们是综合在一起的，而且空间整合的方式与我们熟悉的这种受过建筑理论训练的方式不太一样，可能是意念性的，或者有当世美学性的。

因此，如果非要转译，那么我们是否可以提出一个"机制性"的问题，借用"机制性"来探索设计。如果说当时廊的存在方式有与现代活动的共性机制，那么从逻辑上来说，我们就可以拿来去做。说回城市，因为它有个基本的运行体系需求，所以它肯定要摒弃原来廊的构筑方式，甚至是构型方式。它需要变形，但是有它之后，人在空间中的体验可能就不太一样了。我觉得中央美术学院这两位同学做得很好，也很勇敢。

曹凯中

我们在谈论古典和当代的时候，能避开谈论意识形态和文化上的问题，直接切入一个技术的视角，比如，光在古典园林里面可以通过什么样的手法甚至技术、材料，得到什么样的氛围、场景和场所，我觉得这就挺好的。这等于我们可以绕开意识形态、古典现代这么宏大的命题，直接切入一个更专注于技术的讨论。所以，按照这个方向做的话，我们以后可以开辟一条路径，比如从设计到技术层面，然后再回归设计层面，我们可以展开很多工作。同时，我也特别喜欢用更具体的办法去解决一些问题，这才是一个设计师应该去思考的问题。

前段时间我看了一则新闻，有一款烤箱卖得特别好，和其他烤箱不一样的地方就是它里面有个摄像头，这个摄像头可以克服一般烤箱里面270℃的高温，拿手机就可以看到里面烤食物的样子。其实就是通过一个细节技术让它变成爆款。所以我觉得，设计学背景的同学们一定要思考，我们面临的问题可能是宏大的，但是具体的解决手段很可能就是一针见血的一根针，是特别明确的一个点。我们未来往下深化的话，其实有很多点可以去研究和探讨。

中国传媒大学

橱窗中的框景——框景手法于现代商业展示空间中的应用探究

学生：张　颖

数字借景——古典园林借景设计手法的现代光影转译

学生：黄雨婷

指导教师：曹凯中

董　璁

不同的教育背景，为此研究项目的探讨提供了多方位的考量。此类合作范式不仅在创意上相互启发，而且为发现新的解决途径提供了难得的机遇。

在先前的讨论中，两位学生均显露出明显的艺术背景特质。张颖同学进行了三个专题的研究，分别涉及利用江南园林的框景来改进艺术社区的橱窗设计、中心空间的规划，以及照明设计。我认为将框景与橱窗设计结合的想法十分有趣，特别是在苏州园林中，窗户与景物近在咫尺，这种近距离的视觉效果，使得橱窗设计更具吸引力。"橱窗"一词的内涵确实引人深思，它强调了一种空间内部的展示，不同于通风采光窗。苏州园林也确实是极好的创作灵感来源，从古典园林中汲取元素，为今天的设计注入活力。然而，对于社区公共空间而言，可能需要一个与苏州园林框景相契合的中心主题。尽管我未曾亲自了解该社区，但根据描述得知，它类似于一个四合院，有着丰富的设计素材。因此，我认为更大胆的尝试可能会更富创造性。尽

管张颖同学的专业领域是环境艺术，但在如今专业领域日益分化的情况下，跨学科的合作变得更加重要。虽然她似乎在跨越专业边界时有些犹豫，但我认为将外部空间、建筑实体以及环境艺术设计问题综合考虑，进行一系列的设计，可能会更具成效。

至于黄雨婷同学，我觉得她的作品表现出了出色的连贯性。她精准地捕捉了设计的核心要素，将入口、中心广场和后门等多个空间元素有机地连接起来，构建出一个连贯的空间。她巧妙地运用了《桃花源记》的概念，为设计赋予了更加深刻的叙事性，这种设计方式体现了女性设计师的感性特点。然而，值得注意的是，对于丰富性的追求可能会导致设计过于复杂，因此需要在丰富与清晰之间取得平衡。总的来说，这两个作品不仅突显了两名同学各自的独特之处，跨学科的合作还为设计领域的创新提供了示范，同时在校际合作中发挥了积极作用，我们期待看到更多类似的合作项目和成果的涌现。

唐克扬

这次的研究呈现出一些有趣的共性和差异，尽管他们的设计都突显了强大的绘图能力，但在某些方面仍然存在差异。例如，北京林业大学的同学在图纸绘制方面表现出色，中央美术学院的同学则更全面地思考了各个方面，而中国传媒大学的同学则在媒体表现方面做得很出色，但也引发了一个更深层次的理论性问题：究竟谁才是在真正做设计？有人强调观众的感受至关重要，而另一些人则认为设计的核心应该是建筑本身。同时，这也牵涉到园林设计究竟是建筑学还是景观建筑抑或是环境艺术的问题。在中国的教学方式中，有时候似乎将设计、建造形式和实际使用功能分得太开，而实际上它们应该是相互关联的。设计师应该思考建筑的社区组织形式、建造形式，以及在不同时间和气候条件下的光影效果，而不仅仅是追求媒体效果。在中国文化中，似乎缺少像西班牙阿尔罕布拉宫那样白天和晚上都有相似效果的园林。虽然一些作品受到了当前文化潮流的影响，但也反映了我们的文化语境。因此，我们需要思考我们的文化和传统是否在设计中发挥了作用，或者是否通过现代方式进行了再创造。

罗宇杰

张颖同学的视角很聚焦，这很好，在这样一个大题目下，其实不用思考得过于全面，聚焦在一件事情上面去做，更能突出自己的表达重点。

对于黄雨婷同学，如果我们去掉中国古典园林中一些比较细节的部分，比如窗格等，它其实是一个很抽象的表达。我们不能把造园者搬一块石头或种一棵树这种行为看成特别具象的、烦琐的表达，因为它也是一种抽象——一种自然的抽象。很明显黄雨婷同学做得太具象了。在中国古典园林营造中最重要的思维方式是空间和感受，而并不是具体在某一面白墙上去过分雕刻。这位设计师的工作量能体现出她认真的态度，这是值得肯定的，但是如果真正思考园林，它应该是一个很抽象并且极简的状态。

唐克扬老师的观点我非常认可，例如贝聿铭设计的美秀美术馆讲的也是桃花源的故事，但就会让人觉得它接近那个故事本身，而不是故事里面的辞藻，这一点非常重要。我甚至觉得有些图纸直接拿出去，都不亚于现在做项目展示的人了，但这是否真的是一个特别好的状态？我还是认为要深入思考如何抽象、极简地去接近真正的古典园林精神。我们要对现实有批判，这个设计才能做得更好一些。所以对比两位的设计作品，张颖同学聚焦在某一件事上，当然她也可以像董璁老师说的那样，还要再大胆一些、再连续一些；黄雨婷同学其实讲了一个很好的故事，但这个故事的呈现还是更多地停留在表面，我相信她有去理解古典园林内核的能力，这可能需要一些时间。在本科阶段不可能苛求一个学生这么全面，但是我认为应该去挖掘、去寻找那个抽象的内核，而不是表面的符号，这个很重要。我们不见得非得去迎合市场，因为不迎合市场并不代表不能占有市场。

魏　方

这两名同学都以数字光影媒介为核心来进行表达，但分别对应不同的原型母题，一个是框景，一个是借景。张颖同学的框景表达，在对橱窗、空间的限定分区与氛围差异性等方面进行表达的基础上，还考虑到了很多材质、工艺等具体细节，进行了非常深入的研究。黄雨婷同学的逻辑建构值得肯定，在观察到空间本身的问题之后，又把问题变成了场地本身可以去借势、形成起承转合的空间序列的基底。

如果说给一些建议，我认为可以持续思考。对于张颖同学设计中的橱窗来说，古典园林中借由"框景"，包括"月洞门""开窗"等所能呈现出来的空间层次，可以将不同位置的景观同时叠加在一个界面当中，让人读到这个空间的深度。所以我认为对于橱窗的表现，它不是一个完全的载体或者界面，也有可能通过其本身的材质或是光影设计中的一些变化，来体现出叠加的感觉，表现空间的深度。对于外部空间的设计，古典园林里的"框形"其实也借由了很多路径的限定。我们在逛园子的时候，很多路径都非常狭窄，

这样的限定使得游园者可以到某些特定的空间节点去对位，这就是造园者想要去传达的那个特定的点。张颖同学虽然对场地也做了一些分区，用很多墙体去限定空间，但是整个的设计基底还是较为开放的。那么这种限定或是路径的引导有没有其他的方式，能更加契合框景这一母题，值得再去思考。

黄雨婷同学的设计中与桃花源相关的概念化表达的一些节点还是挺深刻的。到具体的设计时，虽然光影媒介作为核心载体的表现已经非常强了，但是到了一些空间，尤其是和旁边建筑结合密切的构筑物时，它的材质、结构和尺度感，可能更需要一些落地层面的思考，这样呈现出来的空间状态与肌理才会更真实。当然这个设计本身还是偏向概念化的表达，这些元素在这个阶段可能不是那么重要，但在后续的设计工作中还是要重视起来。还有一点，跟刚才三位老师说的一样，设计呈现的内容特别多，有些过于丰富了。我觉得古典园林需要有一些留白，很遗憾这一点没有看到。

天津大学

场景·体验——隆福寺街区空间复苏

学　　生：黄　灿、刘宇阳、孙晓辰
指导教师：胡一可

> 唐克扬

　　这组不出我们所料，挺像天津大学同学做的练习，他们从空间逻辑类似性的角度入手来做这个项目。刚才崔柳老师也提到了，这个空间的结构或空间手法与苏州网师园有一些类似的地方，但是通过对网师园进行空间转译来分析这样的空间其实不太适宜，因为网师园太小了，还是一个颇具统一性的园林，它中间有一个水池，只有少数的几个子空间（subspace），所以在尺度上不太切题。

　　我喜欢累积问题集中探讨。我们说场地与网师园在一定程度上存在关联，那么什么是能够共享的元素？从周围那些灰色虚化的空间开始讨论，例如网师园右路上的空间何时变为了住宅？原来它可能存在更大的水面和不同的入口，城市变迁压迫了这个小小园林，让它变形，形成新的路线。如果从形式的角度进行探讨，可能会更接近设计的目标，隆福寺也是一个类似的语境空间。

　　我也理解以上四组同学不是城市设计专业的，也不是学城市史、建筑史的。隆福寺其实是一个很能体现城市变迁的、有意思的地方，我觉得如果把视野推到一百年以内，就可以看到很丰富的城市设计层面的地理变化。它是由一种逻辑支撑的，这个逻辑不完全是形式，实际上是一个商业逻辑，背后是城市发展的基本推动力。比如说最早有寺，这个寺为什么慢慢淡出，转变成商业空间，商业空间又怎么因为北京内城改造而升级了。如果真的从这个角度看，网师园可能会产生与隆福寺相似的地方。借用我们经常跟学生说的英语中的句型理论，a 和 b 有关系，类似于 c 和 d 的关系，而 a 和 d、c 和 b 都没有关系，但它们可以形成一个对子，即 a 和 b、c 和 d 的关系，可以形成对子，这可能是最实际的一种语境了。

　　否则的话，我个人觉得很难理解。我之前在隆福寺附近生活过很长时间，留下了很多足迹。我们又很熟悉苏州，那么苏州如何与隆福寺建立起联系？恐怕不仅仅是建筑形式本身的问题。虽然此处对于建筑形式的分析很有必要，但最主要的是在现实中，苏州人和北京人对这种对比接受起来可能有一定的困难，胡一可老师指导这个组的时候可能也有别的考量。那么，胡老师是不是可以再解释一下，也许是我们的理解不太到位。

胡一可

唐可扬老师说得非常好，从整体的设计观念，包括用心去解读网师园，然后体会它最核心的内容，我们会再进一步挖掘。当然沟通过程中有一些难度，我们老师其实清楚，建筑学的同学在做房子的同时研究园林，可能也是现学现卖，过程也比较艰难。对于景观空间尺度的把握，我觉得黄灿同学从开始到最后进步还是比较明显的。设计过程主要想在"转译"方面进行一个训练，"转译"（translation）源于语言学认知的建筑及风景园林学科边界拓展，具有跨语境和跨媒介的双重内涵，包含不同表意系统间"分析—转化—再表达"的过程。这次天津大学这组毕业设计希望学生一方面理解表意系统的运作机制，另一方面将其作为辅助设计的工具。在设计过程中对意识转换、逻辑关联、原型衍生三种信息媒介转变的思路进行演练，而对具体转译对象的选取其实缺少必要的论证，我觉得唐老师刚才说得非常有道理，我们会用心吸取，咱们也可以找机会再交流。当然目前这个程度，我个人觉得除了设计感可能稍有欠缺，总体上还是不错的。

唐克扬

没有，我就是不经意看到这个项目才会有这种想法，可能语境不同。

董璁

我同意唐克扬老师一开始的观感，我觉得像是天津大学同学做的。刚才胡一可老师补充说黄灿同学是建筑学专业出身，我觉得这就不奇怪了，汇报中总平面图的确像建筑学专业的作品，而且是有一定建筑史基础的同学画出来的。包括剖面的画法和立面的表达，你别看就这么简单，对园林专业的同学来说有一定难度。这可能是今天唯一一个建筑学专业背景同学的作品，是有益的补充。

刚才唐老师提到另外一点，关于苏州网师园与隆福寺这块用地之间的关系。这个怎么说呢？确实稍微有点远，不是地理上的远，而是文化上稍微有点隔阂。因为苏州地区，包括网师园这些脱胎于苏州民居的格局，与北京四合院有相当大的不同。在苏州的住宅格局里基本不用厢房，所以院落的通面阔就很窄，最窄的十来米，大一点儿的五开间就十五六米。不像北京四合院，哪怕再小的一个四合院，通面阔五开间就15米左右，一般七间的都超过20米。所以汇报中展示的总平面图挺有意思的，它实际上兼并了过去不同产权的几户人家，顺着纵深方向和通面阔方向，就是沿胡同的方向，几个过去的宅基地被整合并强行合并了。这时候就会出现一些有意思的情况，过去左邻右舍之间用一道界墙隔开，完全没有交集，所以各自设计自己的，一旦把界墙打通，就会形成一种非常奇妙的关系。所以这个设计，无论是不是援引网师园，我觉得把注意力聚焦在这种过去"背靠背"设计出来的"左邻右舍"，把一个小街坊的边界打破以后形成新关系，然后在那个关系里做一些加减法，可能会非常有趣。

这就是我听黄灿同学介绍时产生的一个念头，设计作品学网师园学得还蛮好的。

另外，网师园不是完全不可以学，像清朝乾隆皇帝在北方皇家园林里面学了那么多的南方园子，也没什么不妥。但是它存在一个本土化的问题，这也是咱们在做设计的时候要联想到的。

罗宇杰

我挺惊讶看到这样一个表达，我一直在想后面会不会有其他的效果图？结果没有。董璁老师前面说到，苏州民居的特点和北京是有区别的，不完全是有无厢房的问题，木构方式也有差异，南方为穿斗式，木料多而小，北方为抬梁式，常采用大木料；南方的建筑结构几乎可以做到贯通，但北方因为气候的问题，南侧必须开敞一些，形成合院这种状态；在层高方面，南方甚至局部可以做二层，但是北方胡同的合院几乎没有二层。那么，直接拿过来一个南方的经典园林去移植，肯定会显得奇怪，或者有不少矛盾。但是我觉得特别值得肯定的是，与其去提炼某一种全局的、表面的，或许就不如只在一种角度去深挖。

而且董老师提到了，其实故宫、颐和园里面依然有一些清朝皇帝南下时看到江南园林后，在北京造的一些模仿江南私家园林的园子。那我觉得这件事情又变得很有意思，

如果我们可以先抛掉南北地域这件事情，这个学生最可取的地方就是她非常严谨，而且非常到位地把这样一种状态呈现出来了，没有去管其他，也没有画很多效果图，但我们不能去否定这组同学在平面、剖面上的极其深入的研究。

我可以举个例子，法国建筑大师多米尼克·佩罗，他的毕业设计就只测绘了巴黎的几个街道。他没有做设计，而是特别严谨地把巴黎原有的东西测绘出来，然后去探索那种超越表面的内在逻辑。这组同学的设计肯定有矛盾的地方，好像最终图纸也不完整，可能这是一种非常片面的选择，他们并没有去描述园林到底是什么样貌，而是直接找一个具体的园子，然后到里面去观察，这样反而有可能在接近一种真相，虽然南北不搭，但没准对这组同学来说反而是重新深刻地认识了一次园林。我觉得挺好的，值得肯定。

唐克扬

董璁老师的话让我想起一个有意思的事。从北京的历史来说，南北交流其实挺多的。比如说苏州建筑工匠"香山帮"在北京的作品，还有故宫本来就是南方人建造的。

但是我觉得这个项目还是有一些可以再去拓展的东西，比如项目选址是在城市里，而不是在郊区，也不是没有基底，它处于城市的高密度区域。北京城里有很多这种例子，会形成一些不规则的、小尺度的营造。一些用地成规模的区域其实都在水边，比如后海，它的水系最早从西直门进来，有一些滨水的地带可以做出很多文章来。其实大家应该从已有的基础上找到一个逻辑体系，我还是觉得不应该强行把一个南方的方案直接放到北方来。罗宇杰老师提到建筑史上有很多作品

是直接把乙地的方案拿到甲地来用，但是这是有逻辑的，比如为了突出其中的矛盾。那要在北京造出一个江南园林，营造出现代里的古典，还需要某种程度的融合，或者一种对话关系。

所以我觉得，其实在北京现有条件下就有好多可以借鉴的东西，比如北京有很多干涸的河道，产生了很多不规则的城市肌理。建筑师齐欣曾系统调研过北京城市设计的各种基地，并分析了基地过去曾经是什么，现在是什么，这就能够给人很多启发。从小处入手，可能比直接把网师园搬到一个新城市里面来操作容易一些，这是我个人认为很有建设性的一个建议。

北京林业大学

隆福寺街区十八图景录
——基于中国古典园林原型理论的城市公共空间设计

学　　生：廖家婕、高　天、马毓婧、刘曦遥、孙晓辰
指导教师：崔　柳

董　璁

最后一组是一个同学代表几个同学把小组成果集中汇报了，我感觉到你们惊人的工作量了。这个街区并不小，你们又把用地扩展到皇城根西侧，把嵩祝寺和智珠寺也给包括进来了，气魄很大，这反映出一种综合性。今天我的总体感受是所有同学基本上是抱持一种古为今用的态度，出于以今为体、以古为用的立场去看待和使用传统的元素。这有可能带来一个问题，那就是还没有很好地消化传统，就急于使用它了，这是整个时代的风气和特点。古代文化中存在一些真正精华的部分，需要我们以一种更为深入、沉稳的态度，透过浮躁的表象，对其进行解读和学习。

在这个设计当中，你们说是在现代空间中植入了古典，但是在我看来，是在一个古典的历史街区本体上植入了一些现代的内容。当然，你们确实从南方古典园林中提取了一些元素。但是在运用的时候，可能会出现两种情况：第一，它可能比较表面化；第二，你们自己的语言可能会逐渐占据主导地位。此外，设计中绿地的形态也可能是一种既非古典也无北京地域特点的形态，有大量不等边多边形、折线形，这实际上是我们现在风景园林设计课中流行的一种时代特点。中国古代人的观念是追求四平八稳，很少用带尖角的东西和折线，但是它的空间并不单调。古典园林中用四平八稳的关系，实现了并不单调的身体体验，这恰恰是很重要的一种经验，对于这些我们还有待提升。

无论如何，这个题目的初衷非常好。我相信各个学校的同学借此机会，不仅实践了当代的设计，也有了一个学习传统设计的契机，将来可以作为长期学习的题目。这是我今天要说的最重要的话。

崔 柳

谢谢董璁老师，我觉得您最后的总结把我们整个主题升华了。关于这个题目的提出，我个人感受是，在解释中国所有空间形式的时候，有时不得不用西方比较成型的论述去阐释，它是语境，也是方法，即便有时候不是那么准确，也概括不了中国古典空间这样一个大的类型。那我们探索的这种"古典"，像董老师说的，美学也好，体验也好，经验也罢，它是根植在我们文化特质里的一类认知路径。我们可能没有办法再推开，但应该如何有效地示意和表达，我们这代设计师，或者更年轻的设计者又该做些什么，可能这就是我们最初顶着巨大的压力做这个题目的初衷。

唐克扬

我相信董璁老师刚才提到的，最后的几位同学实际上想与传统的某些方面建立联系，或者说是回归到本源的立场上。但是我同时也觉得董老师一语中的，我们专业目前为止还没有完成一个脱胎换骨的转变，我们的手段近乎全是西式的，这种思维模式会出现很多矛盾的状况。要解决这个矛盾呢，得知道过去发生了什么，未来我们在现实中能做什么。

刚才崔柳老师说建筑师都太理性了，我想起以前教景观设计的时候，我的学生在我讲了很多遍之后终于忍不住发了一个牢骚，说："老师，为什么人要有逻辑？你让我这瞬间没有逻辑行不行呢？"但我还是坚持不是一定要有逻辑，但必须有所依据。你必须知道你的原点、你的来源是什么。就算要反对，也要知道质疑的对象是什么。

我觉得以北京的城市积累，假如要寻求一个依据、一个逻辑、一个起点的话，在这里就能找到很多。我比较欣慰的是最后一组同学把研究的基底地图放得很大，我们可以得知隆福寺街区其实不是一个孤立的区域，最早北京城有二十几片保护区域的时候，它就是其中一片，虽然它当时是边缘地区。我觉得从她们的设计图里可以看出很多景观性的要素，比如，她们提到玉河，再往西是万宁桥，它就是京杭大运河某种意义上的起点，它处于一个系统中。设计图中的绿地，过去很多都存在某种联系，这个联系不是我们后来指定的，而是历史的延续，它是城市基础设施的一部分。我觉得我们还是应该从城市的角度来讨论风景，不是说城市设计专业的城市，也不是建筑专业抽象的城市，而是说在时间进行中的一个活的系统。它是过去人们生活的载体，必然有很多痕迹是跟具体的生活有关联的。

从细节来看，天津大学的学生做的是具体的房子，可能还是跟南方或北方的做法有关系，但是我后来发现北京内城也不是没有南方的痕迹，我曾经发过一个1900年以前拍的视频，发现紫禁城东华门附近有很多南方做法。建筑坡度不一样，占地面积不一样，屋脊的做法也不是正宗的北方做法，甚至城市店铺招牌，那些小木作，都和南方有关系。

换句话说，我们不用在苏州发现中国古典园林，在北京内城或者颐和园一带也有很多。设计时要怎么去相地择机，怎么选择恰当的营造方式，甚至说建筑的功能是什么，跟旁边邻居的关系是什么，只有作为一个系统来考虑才是真的有基础。

罗宇杰

这个课题非常有意义，毕业设计并不是一个终点，而是一个起点，不同的学校意味着不同的背景，这样的相互参照对同学们之后的学习和工作都会影响深远。要思考我们为何而设计，作为设计师还是要有一个身份起源。以前最好的造园者或者建造者，可能没有一个明确的设计者身份，国内沿用西方空间学教育理念的时间历程其实很短，所谓的现代性或者现代主义也只有短短的几百年。放在历史维度来看，中国在造房子和造园子这件事情上其实远比西方悠久。现在建筑领域里也是一样，也探讨园林、探讨本土，这是很重要的一件事情，都在试图找到我们本土自身的一些东西，所以这样的课题就很有意义。我相信带队老师也花了很多心思、时间和精力，如果不带着这样一种东方线索给同学们一定的引导，那么就又变成了各异而碎片化的呈现。当然在做这个课题的过程中，可能有些同学找到了一些与园林更紧密一点儿的联系，当然还有一些同学寻找的线索相对更宽泛一些。但是我觉得这至少帮助到不同专业的同学，去靠近一个可能历经了很久的东方造园（营造空间）观念，哪怕只是一个形式上的状态，都很重要。

崔 柳

谢谢罗宇杰老师。我们也认为这个主题可以从园林延伸到一种形态、规则、体验或者更深的部分，经过有不同学科背景的人加工或者优化，最终可能会形成一种内化性的东西。建筑界的布扎体系对空间精准性的表达，在自然空间中的应用是有局限性的。我们可以尝试着在古典园林里面找一种表达方式或体察方式，以一种设计路径的方式展开，它可能是一个媒介，一个被借用的东西，但它会把不同学科的人带到什么地方去，我们不确定。

所以我认为董璁老师说的古典性，想在"古典"的原理里面寻找现代性存在的可能，它是一个定制的关系。甚至中国古典园林的古典性，有可能容纳到现代性里面，能将异化的部分或者同构的部分都容纳进去。因为我们现在倾向于用特别宏大的语汇描述，没有人去关注个体的、精微的部分，所以我觉得从教育者的角度，我们需要让学生有这种认知，就是不要把以前的东西全部丢掉。

吴祥艳

　　刚才董璁老师提到，我们做古典园林的古为今用，是一个非常具有探讨性的难题。最早我们几位老师聚在一起讨论这个课题的时候，是非常惴惴不安的。我们没有一个成熟的方法，一套成熟的体系可以指导学生，我们五位老师带着十多名同学，其实是以摸着石头过河这样的状态走过来的。

　　通过今天几位老师的批判性点评，我感觉几个组探讨的点都不太一样，虽然我们还没有形成一套比较成熟的方法，但是至少我们已经去思考，如果用传统园林的手法去做城市更新，在北京的地域下，和大家常规使用的手法相比，会呈现哪些不一样的形式或者结果。

　　我个人觉得崔柳老师团队的作品，尺度方面从整体到细部，从大的规划到详细的设计，以及植物景观的塑造，意境、情致的塑造等做了很多的工作。我觉得整体性和对于这个地段的解读，应该是物境和意境以及情致的一个综合，它可能更能代表我们传统园林的空间意趣。但是在这样一个"功能异化""空间异化""使用者异化"的时代，传统园林空间承载的理想和今天有非常大的差异，所以我从崔老师这组作品里大概感觉到，我们后续不仅可以在物理空间上深入，还可以在设计手法上更加多元地呈现。同时把意境、情境跟具体地段的物质环境，以及当下人的生活更好地结合，可能能够更好地实现我们的最终目标。

　　我们以一个朦胧的想法开端，对于怎么具体做出来，还是比较模糊的。课题能够在艰难的情况下实现完整又各有特点的效果，我觉得同学们都付出了非常大的努力。期待下一次的联合，大家共同努力！